Grundkurs Mathematik

Berater

Martin Aigner, Freie Universität Berlin
Peter Gritzmann, Technische Universität München
Volker Mehrmann, Technische Universität Berlin
Gisbert Wüstholz, ETH Zürich

Die Reihe „Grundkurs Mathematik" ist die bekannte Lehrbuchreihe im handlichen kleinen Taschenbuch-Format passend zu den mathematischen Grundvorlesungen, vorwiegend im ersten Studienjahr. Die Bücher sind didaktisch gut aufbereitet, kompakt geschrieben und enthalten viele Beispiele und Übungsaufgaben.

In der Reihe werden Lehr- und Übungsbücher veröffentlicht, die bei der Klausurvorbereitung unterstützen. Zielgruppe sind Studierende der Mathematik aller Studiengänge, Studierende der Informatik, Naturwissenschaften und Technik, sowie interessierte Schülerinnen und Schüler der Sekundarstufe II.

Die Reihe existiert seit 1975 und enthält die klassischen Bestseller von Otto Forster und Gerd Fischer zur Analysis und Linearen Algebra in aktualisierter Neuauflage.

Weitere Bände dieser Reihe finden Sie unter
http://www.springer.com/series/12463

Otto Forster · Rüdiger Wessoly

Übungsbuch zur Analysis 1

Aufgaben und Lösungen

7., erweiterte Auflage

Otto Forster
Mathematisches Institut
Ludwig-Maximilians-Universität
München
München, Deutschland

Rüdiger Wessoly (†)

Grundkurs Mathematik
ISBN 978-3-658-17212-1   ISBN 978-3-658-17213-8 (eBook)
DOI 10.1007/978-3-658-17213-8

Die Deutsche Nationalbibliothek verzeichnet diese Publikation in der Deutschen Natio-
nalbibliografie; detaillierte bibliografische Daten sind im Internet über http://dnb.d-nb.de
abrufbar.

Springer Spektrum
© Springer Fachmedien Wiesbaden GmbH 1995, 2004, 2006, 2008, 2011, 2013, 2017

Planung: Ulrike Schmickler-Hirzebruch

Gedruckt auf säurefreiem und chlorfrei gebleichtem Papier.

Springer Spektrum ist Teil von Springer Nature
Die eingetragene Gesellschaft ist Springer Fachmedien Wiesbaden GmbH
Die Anschrift der Gesellschaft ist: Abraham-Lincoln-Strasse 46, 65189 Wiesbaden,
Germany

Vorwort zur 1. Auflage

Seit dem Erscheinen meines Buches Analysis 1 sind wiederholt Anfragen ge-
kommen, doch Lösungen zu den Übungsaufgaben herauszugeben. Ich stand
dem immer skeptisch gegenüber. Das Lösen von Übungsaufgaben zu den An-
fängervorlesungen ist ein unentbehrlicher Bestandteil des Mathematik–Stu-
diums. Das Vorliegen von schriftlichen Lösungen verführt aber dazu, es selbst
nicht hart genug zu versuchen und zu früh in den Lösungen nachzuschauen.
Außerdem kann eine gedruckte Lösung nicht die Besprechung der Aufgaben
in einer Übungsgruppe ersetzen, in der der Tutor (im allerdings nicht immer
erreichten Idealfall) auf die verschiedenen Lösungsmöglichkeiten und die ge-
machten Fehler eingehen und bei Verständnisschwierigkeiten individuell hel-
fen kann.

Andererseits ist der Bedarf an Übungsmaterial mit nachprüfbaren Lösungen
für das Selbststudium (z.b. bei Prüfungsvorbereitungen) nicht von der Hand
zu weisen. So wurde mit dem vorliegenden Aufgabenbuch ein Kompromiß
versucht: Zu ausgewählten Aufgaben wurden Lösungen ausgearbeitet und es
wurden auch neue Aufgaben hinzugefügt, so daß genügend viele ungelöste
Aufgaben als Herausforderung für den Leser übrig bleiben.

Alle Aufgabentexte (einschließlich der aus dem Buch Analysis 1 übernomme-
nen) sind im 1. Teil des Aufgabenbuches abgedruckt. Zu den mit Stern ver-
sehenen Aufgaben stehen Lösungen im 2. Teil, manchmal auch nur Hinweise
oder bei Rechenaufgaben die Ergebnisse. In keinem Fall sind die angegebenen Lösungen als alleingültige Muster-Lösungen zu betrachten. Zu fast allen
Aufgaben gibt es mehrere Lösungswege und es ist oft nur eine Frage des Ge-
schmacks, welchen Weg man wählt. Auch sind sicherlich noch einige Lösungen mit mehr oder weniger schweren Fehlern (von Druckfehlern und Versehen
bis zu logischen Fehlern) behaftet. Der Student mag sich damit trösten, daß
nicht nur ihm, sondern auch dem Dozenten für manche Lösungen der Übungsaufgaben Punkte abgezogen würden.

Die Arbeit an diesem Buch habe ich zusammen mit meinem langjährigen As-
sistenten an den Universitäten Münster und München, Dr. Rüdiger Wessoly be-
gonnen. Die gemeinsame Arbeit wurde auch nach seinem Ausscheiden aus der
Universität, als er für eine von ihm selbst mitbegründete Software-Firma arbei-
tete, fortgesetzt. Noch vor der Fertigstellung des Manuskripts ist Herr Wessoly

plötzlich und unerwartet verstorben. Seinem Andenken sei dieses Buch gewidmet.

Zu danken habe ich auch Herrn Thomas Szymczak (Dinslaken), der selbständig ein Lösungsbuch zur Analysis 2 erarbeitet hat und der sich bereit erklärt hat, das Manuskript zum vorliegenden Buch in LATEX zu setzen und dabei manche Fehler und Unebenheiten aus dem Text eliminiert hat. Nicht zuletzt verdankt das Buch sein Erscheinen dem beharrlichen und unermüdlichen Einsatz von Frau U. Schmickler-Hirzebruch vom Vieweg-Verlag.

München, Februar 1995   *Otto Forster*

Vorwort zur 2. Auflage

Für die 2. Auflage dieses Übungsbuches habe ich die bekannt gewordenen Druckfehler korrigiert (vielen Dank den sorgfältigen Leserinnen und Lesern!) und eine Anpassung an die neueste Auflage des Buches Analysis 1 vorgenommen, das seit der 5. Auflage manche Änderungen erfahren hat. So sind einige frühere Übungsaufgaben jetzt in den Haupttext der Analysis 1 integriert. Dafür wurden in das Übungsbuch neue Aufgaben und Lösungen aufgenommen.

München, März 2004   *Otto Forster*

Vorwort zur 7. Auflage

In der vorliegenden 7. Auflage dieses Übungsbuchs wurden bekannt gewordene Fehler korrigiert sowie einige neue Aufgaben und Lösungen hinzugefügt.

München, Oktober 2016   *Otto Forster*

Verweise nach dem Muster "vgl. An. 1, §XX, Satz Y" beziehen sich auf das Lehrbuch

Otto Forster: *Analysis 1*, Springer Spektrum, 12. Aufl. 2016.

Inhaltsverzeichnis

I Aufgaben

II Lösungen

Teil I

Aufgaben

§ 1 Vollständige Induktion

Aufgabe 1 A*. Seien n, k natürliche Zahlen mit $n \geqslant k$. Man beweise

$$\binom{n+1}{k+1} = \sum_{m=k}^{n} \binom{m}{k}.$$

Aufgabe 1 B. Für eine reelle Zahl x und eine natürliche Zahl k werde definiert

$$\binom{x}{k} := \prod_{j=1}^{k} \frac{x-j+1}{j} = \frac{x(x-1) \cdot \ldots \cdot (x-k+1)}{k!},$$

also insbesondere

$$\binom{x}{0} = 1.$$

Man beweise für alle reellen Zahlen x und natürlichen Zahlen k

a) $\quad \binom{x+1}{k+1} = \binom{x}{k+1} + \binom{x}{k},$

b) $\quad \binom{-x}{k} = (-1)^k \binom{x+k-1}{k},$

c) $\quad \binom{k+x}{2k+1} = -\binom{k-x}{2k+1}.$

Aufgabe 1 C*. Man beweise für alle reellen Zahlen x, y und alle $n \in \mathbb{N}$

$$\binom{x+y}{n} = \sum_{k=0}^{n} \binom{x}{n-k} \binom{y}{k}.$$

Aufgabe 1 D. Man beweise für alle reellen Zahlen x, y und alle $n \in \mathbb{N}$

$$\binom{x+y+n-1}{n} = \sum_{k=0}^{n} \binom{x+n-k-1}{n-k} \binom{y+k-1}{k}.$$

Aufgabe 1 E. Man zeige: Für alle $n \in \mathbb{N}$ gilt

$$\binom{2n}{n} = \sum_{k=0}^{n} \binom{n}{k}^2.$$

Aufgabe 1 F. Man zeige: Für alle natürlichen Zahlen $n \geqslant 1$ gilt

a) $\quad \sum_{k=0}^{n} \binom{2n}{2k} = 2^{2n-1}.$

b) $\quad \sum_{k=0}^{n} \binom{2n+1}{2k} = 2^{2n}.$

Aufgabe 1 G*. Man beweise: Eine n-elementige Menge ($n \geqslant 1$) besitzt ebenso viele Teilmengen mit einer geraden Zahl von Elementen wie Teilmengen mit einer ungeraden Zahl von Elementen.

Aufgabe 1 H*. Ersetzt man im Pascalschen Dreieck die Einträge durch kleine rechteckige weiße und schwarze Kästchen, je nachdem der entsprechende Binomial-Koeffizient gerade oder ungerade ist, so entsteht eine interessante Figur, siehe Bild 1.1. Wir bezeichnen das Kästchen, das dem Binomial-

Bild 1.1 Pascalsches Dreieck modulo 2

Koeffizienten $\binom{k}{\ell}$ entspricht, mit (k,ℓ). In der Figur sind alle Kästchen (k,ℓ) bis $k = 31$ dargestellt. Man beweise dazu:

a) $\binom{2^n-1}{\ell}$ ist ungerade für alle $0 \leqslant \ell \leqslant 2^n - 1$, d.h. die Zeile mit $k = 2^n - 1$ ist vollständig schwarz.

b) $\binom{2^n}{\ell}$ ist gerade für alle $1 \leqslant \ell \leqslant 2^n - 1$.

c) $\binom{2^n+\ell}{\ell}$ ist ungerade für alle $0 \leqslant \ell \leqslant 2^n - 1$.

d) Das Dreieck mit den Ecken

$$(0,0), (2^n - 1, 0), (2^n - 1, 2^n - 1)$$

geht durch Verschiebung $(k, \ell) \mapsto (2^n + k, \ell)$ in das Dreieck

$$(2^n, 0), (2^{2n} - 1, 0), (2^{2n} - 1, 2^n - 1)$$

mit demselben Farbmuster über.

e) Das Dreieck mit den Ecken $(0,0), (2^n - 1, 0), (2^n - 1, 2^n - 1)$ weist außerdem eine Symmetrie bzgl. Drehungen um den Mittelpunkt mit Winkel 120 Grad und 240 Grad auf, genauer: Durch die Transformation

$$(k, \ell) \mapsto (2^n - 1 - \ell, k - \ell), \qquad (0 \leqslant \ell \leqslant k \leqslant 2^n - 1)$$

geht das Dreieck unter Erhaltung des Farbmusters in sich über, d.h. die Binomial-Koeffizienten

$$\binom{k}{\ell} \quad \text{und} \quad \binom{2^n - 1 - \ell}{k - \ell}$$

sind entweder beide gerade oder beide ungerade.

Aufgabe 1 I. In Analogie zur vorigen Aufgabe ersetze man im Pascalschen Dreieck die Einträge durch Kästchen in den Farben rot, schwarz, grün nach folgender Vorschrift: Man schreibe den Binomial-Koeffizienten $\binom{k}{\ell}$ in der Form $\binom{k}{\ell} = 3m + i$ mit einer ganzen Zahl m und $i = 0, 1, 2$. Für $i = 0$ sei die Farbe rot, für $i = 1$ schwarz und für $i = 2$ grün. Man betrachte die entstehenden Muster und beweise die sich aufdrängenden Vermutungen, z.B.

Der Binomial-Koeffizient $\binom{3^n}{\ell}$ ist durch 3 teilbar für alle $1 \leqslant \ell \leqslant 3^n - 1$.

Aufgabe 1 J*. Seien n und k natürliche Zahlen. Man beweise: Die Anzahl aller k–Tupel $(a_1, \ldots, a_k) \in \mathbb{N}^k$ mit

$$1 \leqslant a_1 \leqslant a_2 \leqslant \ldots \leqslant a_k \leqslant n$$

ist gleich $\binom{n+k-1}{k}$.

Aufgabe 1 K. Sei n eine natürliche Zahl. Man bestimme die Anzahl aller Tripel $(k_1, k_2, k_3) \in \mathbb{N}^3$ mit

$$k_1 + k_2 + k_3 = n.$$

Aufgabe 1 L*. Man beweise: Für alle natürlichen Zahlen N gilt

$$\sum_{n=1}^{2N} \frac{(-1)^{n-1}}{n} = \sum_{n=1}^{N} \frac{1}{N+n}.$$

Aufgabe 1 M. Durch Probieren finde man Formeln für die folgenden beiden Ausdrücke und beweise anschließend das Ergebnis durch vollständige Induktion:

a) $\displaystyle\prod_{k=1}^{n} \left(1 + \frac{1}{k}\right),$

b) $\displaystyle\prod_{n=2}^{N} \frac{n^2}{n^2 - 1}$ für alle $N \geqslant 2$.

Aufgabe 1 N. Man beweise für alle reellen Zahlen x und alle natürlichen Zahlen n

$$\prod_{k=0}^{n-1} \left(1 + x^{2^k}\right) = \sum_{m=0}^{2^n - 1} x^m.$$

Aufgabe 1 O. Man beweise die folgenden Summenformeln:

a) $\displaystyle\sum_{k=1}^{n} k^2 = \frac{n(n+1)(2n+1)}{6},$

b) $\displaystyle\sum_{k=1}^{n} k^3 = \frac{n^2(n+1)^2}{4}.$

Aufgabe 1 P*. Man finde eine Formel für

$$\sum_{k=1}^{n} (2k-1)^2$$

und beweise sie.

Aufgabe 1 Q*. Sei $r \in \mathbb{N}$. Man zeige: Es gibt rationale Zahlen $a_{r1}, \dots, a_{rr}$, so dass für alle natürlichen Zahlen n gilt

$$\sum_{k=1}^{n} k^r = \frac{1}{r+1} n^{r+1} + a_{rr} n^r + \dots + a_{r1} n.$$

Aufgabe 1 R. Es sei

$$P(x) = a_r x^r + a_{r-1} x^{r-1} + \ldots + a_1 x + a_0$$

ein Polynom r-ten Grades mit rationalen Koeffizienten und der Eigenschaft, dass $P(n)$ ganzzahlig ist für alle $n \in \mathbb{N}$.
Man zeige: Es gibt ganze Zahlen $c_0, c_1, \ldots, c_r \in \mathbb{Z}$, so dass

$$P(x) = \sum_{k=0}^{r} c_k \binom{x}{k}.$$

Zur Definition der $\binom{x}{k}$ vgl. Aufgabe 1 B.

Aufgabe 1 S*. Man zeige, dass nach dem Gregorianischen Kalender (d.h. Schaltjahr, wenn die Jahreszahl durch 4 teilbar ist, mit Ausnahme der Jahre, die durch 100 aber nicht durch 400 teilbar sind) der 13. eines Monats im langjährigen Durchschnitt häufiger auf einen Freitag fällt, als auf irgend einen anderen Wochentag. Hinweis: Der Geburtstag von Gauß, der 30. April 1777, war ein Mittwoch. (Diese Aufgabe ist weniger eine Übung zur vollständigen Induktion, als eine Übung im systematischen Abzählen.)

§ 2 Die Körperaxiome

Aufgabe 2 A*. Man zeige: Es gelten die folgenden Regeln für das Bruchrechnen ($a, b, c, d \in \mathbb{R}$, $b \neq 0$, $d \neq 0$):

a) $\dfrac{a}{b} = \dfrac{c}{d}$ gilt genau dann, wenn $ad = bc$ ist.

b) $\dfrac{a}{b} \pm \dfrac{c}{d} = \dfrac{ad \pm bc}{bd}$

c) $\dfrac{a}{b} \cdot \dfrac{c}{d} = \dfrac{ac}{bd}$

d) $\dfrac{\frac{a}{b}}{\frac{c}{d}} = \dfrac{ad}{bc}$, falls $c \neq 0$ ist.

Aufgabe 2 B*. Man beweise für reelle Zahlen $x_1, \ldots, x_n, y_1, \ldots, y_m$ das allgemeine Distributivgesetz

$$\left(\sum_{i=1}^{n} x_i \right) \left(\sum_{j=1}^{m} y_j \right) = \sum_{i=1}^{n} \sum_{j=1}^{m} x_i y_j.$$

Aufgabe 2 C*. Seien a_{ik} für $i, k \in \mathbb{N}$ reelle Zahlen. Man zeige für alle $n \in \mathbb{N}$

$$\sum_{k=0}^{n} \sum_{i=0}^{n-k} a_{ik} = \sum_{i=0}^{n} \sum_{k=0}^{n-i} a_{ik} = \sum_{m=0}^{n} \sum_{k=0}^{m} a_{m-k,k}.$$

Aufgabe 2 D. Es sei $n \in \mathbb{N}$ und für $i, k \in \{1, \ldots, n\}$ seien a_{ik} reelle Zahlen. Man setze

$$A_n := \sum_{i=1}^{n} \left(\sum_{k=1}^{i} a_{ik} \right).$$

a) Man schreibe die Doppelsumme A_n für die Fälle $n = 1, 2, 3, 4$ aus.

b) Man berechne A_n für die Fälle

   i) $a_{ik} = 1$ für alle $i, k \in \{1, \ldots, n\}$,

   ii) $a_{ik} = k$ für alle $i, k \in \{1, \ldots, n\}$,

   iii) $a_{ik} = i$ für alle $i, k \in \{1, \ldots, n\}$,

   iv) $a_{ik} = i + k$ für alle $i, k \in \{1, \ldots, n\}$,

   v) $a_{ik} = ik$ für alle $i, k \in \{1, \ldots, n\}$.

Aufgabe 2 E*. Es seien a, b, c, d rationale Zahlen und x eine irrationale reelle Zahl, d.h. $x \in \mathbb{R} \setminus \mathbb{Q}$. Man beweise:

a) Ist $ad - bc \neq 0$, so ist auch $cx + d \neq 0$ und

$$y := \frac{ax + b}{cx + d}$$

   ist eine irrationale Zahl.

b) Ist $ad - bc = 0$, so ist entweder $cx + d = 0$ oder

$$y := \frac{ax + b}{cx + d}$$

eine rationale Zahl.

Aufgabe 2 F*. Es sei

$$K := \{(a,b) \in \mathbb{R}^2 \ : \ a,b \in \mathbb{Q}\}.$$

In K werde folgende Addition und Multiplikation eingeführt:

$$\begin{cases} (a,b) + (a',b') := (a+a', b+b'), \\ (a,b) \cdot (a',b') := (aa' + 2bb', ab' + ba') \end{cases}$$

für alle (a,b), $(a',b') \in K$. Man zeige, dass dann $(K, +, \cdot)$ ein Körper ist.

Aufgabe 2 G. Man zeige, dass in dem in Aufgabe 2 F definierten Körper K die Gleichung

$$x^2 = 2$$

genau zwei Lösungen besitzt, die Gleichung

$$x^2 = 3$$

jedoch unlösbar ist.

Aufgabe 2 H. Es sei $M := \mathbb{N} \cup \{\infty\}$, wobei $\infty \notin \mathbb{N}$. Auf M führen wir zwei Verknüpfungen

$$\begin{cases} M \times M & \longrightarrow & M \\ (a,b) & \longmapsto & a+b \end{cases} \quad \text{und} \quad \begin{cases} M \times M & \longrightarrow & M \\ (a,b) & \longmapsto & a \cdot b \end{cases}$$

wie folgt ein:

(1) Für a, $b \in \mathbb{N}$ sei $a+b$ bzw. $a \cdot b$ die übliche Addition bzw. Multiplikation natürlicher Zahlen.

(2) Für $a \in M$ sei $a + \infty = \infty + a = \infty$.

(3) Für $a \in M \smallsetminus \{0\}$ sei $a \cdot \infty = \infty \cdot a = \infty$.

(4) $0 \cdot \infty = \infty \cdot 0 = 0$.

Man zeige, dass diese Verknüpfungen auf M die Körperaxiome (A.1), (A.2), (A.3), (M.1), (M.2), (M.3) und (D), aber nicht (A.4) und (M.4) erfüllen.

§ 3 Anordnungsaxiome

Aufgabe 3 A*. Man zeige $n^2 \leqslant 2^n$ für jede natürliche Zahl $n \neq 3$.

Aufgabe 3 B. Man zeige $2^n < n!$ für jede natürliche Zahl $n \geqslant 4$.

Aufgabe 3 C*. Sei n eine natürliche Zahl > 0. Man beweise:

a) $\dbinom{n}{k} \dfrac{1}{n^k} \leqslant \dfrac{1}{k!}$ für alle $k \in \mathbb{N}$,

b) $\left(1 + \dfrac{1}{n}\right)^n \leqslant \sum\limits_{k=0}^{n} \dfrac{1}{k!} < 3$,

c) $\left(\dfrac{n}{3}\right)^n \leqslant \dfrac{1}{3} n!$,

d) $n^{n+1} > (n+1)^n$ für alle $n \geqslant 3$.

Aufgabe 3 D*. Man zeige: Für jede reelle Zahl $q > 0$ gilt

$$q + \frac{1}{q} \geqslant 2.$$

Das Gleichheitszeichen gilt genau dann, wenn $q = 1$ ist.

Aufgabe 3 E. Man stelle fest, welche der folgenden Implikationen über reelle Zahlen x, a, b allgemeingültig bzw. i.a. falsch sind. Man beweise die allgemeingültigen Aussagen und gebe für die übrigen Aussagen ein Gegenbeispiel an:

a) $|x - a| < b \Longrightarrow x > a - 2b$,

b) $ab > 1$ und $a < 1 \Longrightarrow b > 1$,

c) $x(x - 2a^2) > 0 \Longleftrightarrow |x - a^2| > a^2$.

Aufgabe 3 F. Man beweise die folgenden Aussagen:

a) Seien $a_1, \ldots, a_n$ nicht-negative reelle Zahlen. Dann gilt

$$\prod_{i=1}^{n}(1+a_i) \geqslant 1 + \sum_{i=1}^{n} a_i.$$

b) Seien $a_1, \ldots, a_n$, reelle Zahlen mit $a_i \geqslant 0$ und $\sum_{i=1}^{n} a_i \leqslant 1$. Dann gilt

$$\prod_{i=1}^{n}(1+a_i) \leqslant 1 + 2\sum_{i=1}^{n} a_i.$$

c) Seien $a_1, \ldots, a_n$ reelle Zahlen mit $0 \leqslant a_i \leqslant 1$ für alle i. Dann gilt

$$\prod_{i=1}^{n}(1-a_i) \geqslant 1 - \sum_{i=1}^{n} a_i.$$

Aufgabe 3 G. Es sei $0 < a \leqslant b$. Man zeige

$$a^2 \leqslant \left(\frac{2ab}{a+b}\right)^2 \leqslant ab \leqslant \left(\frac{a+b}{2}\right)^2 \leqslant b^2.$$

Trifft an irgendeiner Stelle dieser Ungleichungskette das Gleichheitszeichen zu, so ist $a = b$.

Aufgabe 3 H. Man zeige: Für alle reellen Zahlen $x, y \in \mathbb{R}$ gilt

$$\max(x,y) = \frac{1}{2}(x+y+|x-y|), \qquad \min(x,y) = \frac{1}{2}(x+y-|x-y|).$$

Aufgabe 3 I*. Man beweise mit Hilfe des Binomischen Lehrsatzes: Für jede reelle Zahl $x \geqslant 0$ und jede natürliche Zahl $n \geqslant 2$ gilt

$$(1+x)^n \geqslant \frac{n^2}{4}x^2.$$

Aufgabe 3 J*. Man zeige: Zu jeder reellen Zahl $b > 1$ existiert eine natürliche Zahl n_0, so dass

$$b^n > n \quad \text{für alle } n \in \mathbb{N} \text{ mit } n \geqslant n_0.$$

Aufgabe 3 K*. Man beweise für alle $n \in \mathbb{N}$

$$n! \leqslant 2 \left(\frac{n}{2}\right)^n.$$

Aufgabe 3 L*. Man beweise folgende Regeln für die Funktionen floor und ceil:

a) $\lceil x \rceil = -\lfloor -x \rfloor$ für alle $x \in \mathbb{R}$.

b) $\lceil x \rceil = \lfloor x \rfloor + 1$ für alle $x \in \mathbb{R} \smallsetminus \mathbb{Z}$.

c) $\lceil n/k \rceil = \lfloor (n+k-1)/k \rfloor$ für alle $n, k \in \mathbb{Z}$ mit $k \geqslant 1$.

§ 4   Folgen, Grenzwerte

Aufgabe 4 A*. Seien a und b reelle Zahlen. Die Folge $(a_n)_{n \in \mathbb{N}}$ sei wie folgt rekursiv definiert:

$$a_0 := a, \quad a_1 := b, \quad a_n := \frac{1}{2}(a_{n-1} + a_{n-2}) \quad \text{für } n \geqslant 2.$$

Man beweise, dass die Folge $(a_n)_{n \in \mathbb{N}}$ konvergiert und bestimme ihren Grenzwert.

Aufgabe 4 B. Seien a und b reelle Zahlen. Die Folge $(a_n)_{n \in \mathbb{N}}$ sei wie folgt rekursiv definiert:

$$a_0 := a, \quad a_1 := b, \quad a_n := \frac{1}{3}(2a_{n-1} + a_{n-2}) \quad \text{für } n \geqslant 2.$$

Man beweise, dass die Folge $(a_n)_{n \in \mathbb{N}}$ konvergiert und bestimme ihren Grenzwert.

Aufgabe 4 C*. Man berechne die Summe der Reihe

$$\sum_{n=1}^{\infty} \frac{1}{4n^2 - 1}.$$

Aufgabe 4 D. Man beweise, dass die Reihe

$$\sum_{n=1}^{\infty} \frac{1}{n(n+1)(n+2)}$$

konvergiert und bestimme ihren Grenzwert.

Aufgabe 4 E*. Es sei $(a_n)_{n\in\mathbb{N}}$ eine Folge, die gegen ein $a \in \mathbb{R}$ konvergiere. Man beweise, dass dann die Folge $(b_n)_{n\in\mathbb{N}}$ definiert durch

$$b_n := \frac{1}{n+1}(a_0 + a_1 + \ldots + a_n) \quad \text{für alle } n \in \mathbb{N}$$

ebenfalls gegen a konvergiert.

Aufgabe 4 F. Die Folgen $(a_n)_{n\in\mathbb{N}}$ bzw. $(b_n)_{n\in\mathbb{N}}$ seien definiert durch

$$a_n := \frac{(3-n)^3}{3n^3-1} \quad \text{bzw.} \quad b_n := \frac{1+(-1)^n n^2}{2+3n+n^2} \quad \text{für alle } n \in \mathbb{N}.$$

Man entscheide bei beiden Folgen, welche der drei Eigenschaften „beschränkt", „konvergent" bzw. „divergent" vorliegen, und man bestimme im Falle der Konvergenz den Grenzwert.

Aufgabe 4 G*. Es seien $(a_n)_{n\in\mathbb{N}}$, $(b_n)_{n\in\mathbb{N}}$, $(c_n)_{n\in\mathbb{N}}$ drei reelle Zahlenfolgen mit

$$a_n \leqslant b_n \leqslant c_n \quad \text{für alle } n \in \mathbb{N}.$$

Man zeige: Sind $(a_n)_{n\in\mathbb{N}}$, $(c_n)_{n\in\mathbb{N}}$ konvergent mit

$$\lim_{n\to\infty} a_n = \lim_{n\to\infty} c_n =: c \in \mathbb{R},$$

so ist auch $(b_n)_{n\in\mathbb{N}}$ konvergent und besitzt ebenfalls den Grenzwert c.

Aufgabe 4 H*. Die Folge $(a_n)_{n\in\mathbb{N}}$ sei definiert durch

$$a_n := \sum_{k=1}^{n} \frac{k^2}{n^3+k} \quad \text{für alle } n \in \mathbb{N}.$$

Man zeige:

$$\lim_{n\to\infty} a_n = \frac{1}{3}.$$

Aufgabe 4 I. Man zeige, dass die Folge $(a_n)_{n \in \mathbb{N}}$ definiert durch

$$a_n := \sum_{k=1}^{n} \frac{k^2}{n^4 - 10k^2} \quad \text{für alle } n \in \mathbb{N}$$

konvergiert und bestimme ihren Grenzwert.

Aufgabe 4 J. Für $x \in \mathbb{R}$ und $n \in \mathbb{N}$ sei

$$a_n(x) := \left(\frac{5x - 1}{x^2 + 5} \right)^{2n+1}.$$

Man bestimme explizit die folgenden Mengen

a) $A_1 := \{x \in \mathbb{R} : (a_n(x))_{n \in \mathbb{N}}$ ist nach oben beschränkt$\}$,

b) $A_2 := \{x \in \mathbb{R} : (a_n(x))_{n \in \mathbb{N}}$ ist nach unten beschränkt$\}$,

c) $A_3 := \{x \in \mathbb{R} : (a_n(x))_{n \in \mathbb{N}}$ ist nicht beschränkt$\}$,

d) $A_4 := \{x \in \mathbb{R} : (a_n(x))_{n \in \mathbb{N}}$ ist konvergent$\}$.

Aufgabe 4 K*. Seien $(a_n)_{n \in \mathbb{N}}$ und $(b_n)_{n \in \mathbb{N}}$ Folgen reeller Zahlen mit $\lim_{n \to \infty} a_n = \infty$ und $\lim_{n \to \infty} b_n =: b \in \mathbb{R}$. Man beweise:

a) $\lim_{n \to \infty} (a_n + b_n) = \infty$.

b) Ist $b > 0$, so gilt $\lim_{n \to \infty} (a_n b_n) = \infty$;

   ist $b < 0$, so gilt $\lim_{n \to \infty} (a_n b_n) = -\infty$.

Aufgabe 4 L*. Man gebe Beispiele reeller Zahlenfolgen $(a_n)_{n \in \mathbb{N}}$ und $(b_n)_{n \in \mathbb{N}}$ mit $\lim_{n \to \infty} a_n = \infty$, $\lim_{n \to \infty} b_n = 0$ an, so dass jeder der folgenden Fälle eintritt:

a) $\lim_{n \to \infty} (a_n b_n) = +\infty$.

b) $\lim_{n \to \infty} (a_n b_n) = -\infty$.

c) $\lim_{n \to \infty} (a_n b_n) = c$, wobei c eine beliebig vorgegebene reelle Zahl ist.

d) Die Folge $(a_n b_n)_{n \in \mathbb{N}}$ ist beschränkt, aber nicht konvergent.

§ 5 Das Vollständigkeitsaxiom

Aufgabe 5 A*. Man entwickle die Zahl $x = \frac{1}{7}$ in einen b–adischen Bruch für $b = 2, 7, 10, 16$. Im 16–adischen System (= Hexadezimalsystem) verwende man als Ziffern $A = 10, B = 11, \ldots, F = 15$.

Aufgabe 5 B. Man zeige: Jede reelle Zahl x mit $|x| \leqslant \frac{1}{2}$ läßt sich schreiben als

$$x = \sum_{k=1}^{\infty} \frac{\varepsilon_k}{3^k} \quad \text{mit} \quad \varepsilon_k \in \{-1, 0, 1\} \quad \text{für alle } k \in \mathbb{N}.$$

Aufgabe 5 C. Man zeige: Zu jeder reellen Zahl x mit $0 < x < 1$ gibt es eine Folge natürlicher Zahlen

$$1 < n_1 < n_2 < n_3 < \ldots,$$

so dass

$$x = \sum_{k=1}^{\infty} \frac{1}{n_k}.$$

Aufgabe 5 D*. Gegeben seinen zwei (unendliche) Dezimalbrüche

$$0.a_1 a_2 a_3 a_4 \ldots,$$
$$0.b_1 b_2 b_3 b_4 \ldots,$$

die gegen dieselbe Zahl $x \in \mathbb{R}$ konvergieren. Man zeige: Entweder gilt $a_n = b_n$ für alle $n \geqslant 1$ oder es existiert eine natürliche Zahl $k \geqslant 1$, so dass (nach evtl. Vertauschung der Rollen von a und b) gilt:

$$\begin{cases} a_n = b_n & \text{für alle } n < k, \\ a_k = b_k + 1, \\ a_n = 0 & \text{für alle } n > k, \\ b_n = 9 & \text{für alle } n > k. \end{cases}$$

Aufgabe 5 E*. Sei $(x_n)_{n \in \mathbb{N}}$ eine reelle Zahlenfolge mit $|x_n - x_{n+1}| \leqslant 2^{-n}$ für alle $n \in \mathbb{N}$. Man zeige: $(x_n)_{n \in \mathbb{N}}$ ist eine Cauchy–Folge.

Aufgabe 5 F*. Man beweise: Jede Folge reeller Zahlen enthält eine monotone (wachsende oder fallende) Teilfolge.

Aufgabe 5 G*. Sei $(a_n)_{n \in \mathbb{N}}$ eine Folge nichtnegativer reeller Zahlen, die keinen Häufungspunkt besitzt. Man beweise, dass die Folge bestimmt gegen $+\infty$ divergiert.

Aufgabe 5 H. Man zeige: Eine Zahlenfolge $(a_n)_{n \in \mathbb{N}}$ konvergiert genau dann, wenn die drei Teilfolgen

$$(a_{2k})_{k \in \mathbb{N}}, \ (a_{2k+1})_{k \in \mathbb{N}}, \ (a_{3k})_{k \in \mathbb{N}}$$

konvergieren.

Aufgabe 5 I*. Sei x eine vorgegebene reelle Zahl. Die Folge $(a_n(x))_{n \in \mathbb{N}}$ sei definiert durch

$$a_n(x) := nx - \lfloor nx \rfloor \quad \text{für alle } x \in \mathbb{R} \text{ und alle } n \in \mathbb{N}.$$

Man beweise: Ist x rational, so hat die Folge nur endlich viele Häufungspunkte; ist x irrational, so ist jede reelle Zahl a mit $0 \leqslant a \leqslant 1$ Häufungspunkt der Folge $(a_n(x))_{n \in \mathbb{N}}$.

Aufgabe 5 J*. Man bestimme die 64-Bit-IEEE-Darstellung der Zahlen

$$z_n := 10^n \quad \text{für } n = 2, 1, 0, -1, -2.$$

§ 6 Wurzeln

Aufgabe 6 A*. Beim Iterations-Verfahren

$$x_0 > 0, \quad x_{n+1} := \frac{1}{3}\left(2x_n + \frac{a}{x_n^2}\right)$$

zur Berechnung der 3. Wurzel einer positiven Zahl $a > 0$ definiere man den n-ten relativen Fehler f_n durch

$$x_n = \sqrt[3]{a}(1 + f_n).$$

Man leite eine Rekursionsformel für die Folge (f_n) her und beweise

$$0 \leqslant f_{n+1} \leqslant f_n^2 \quad \text{für alle } n \geqslant 1.$$

Aufgabe 6 B. Man beweise für $a \geqslant 0$, $b \geqslant 0$ die Ungleichung

$$\frac{\sqrt{a} + \sqrt{b}}{2} \leqslant \sqrt{\frac{a+b}{2}}.$$

Aufgabe 6 C*. Man berechne

$$\sqrt{1 + \sqrt{1 + \sqrt{1 + \sqrt{1 + \ldots}}}},$$

d.h. den Limes der Folge $(a_n)_{n \in \mathbb{N}}$ mit $a_0 = 1$ und $a_{n+1} = \sqrt{1 + a_n}$ für $n \in \mathbb{N}$.

Aufgabe 6 D*. Sei $(a_n)_{n \in \mathbb{N}}$ die Folge der Fibonacci–Zahlen, d.h. $a_0 = a_1 = 1$ und

$$a_{n+2} = a_{n+1} + a_n \quad \text{für alle } n \in \mathbb{N}.$$

Man zeige

$$\lim_{n \to \infty} \frac{a_{n+1}}{a_n} = \frac{1 + \sqrt{5}}{2}.$$

Aufgabe 6 E*. Seien $a \geqslant 0$, $b \geqslant 0$ reelle Zahlen. Die Folgen $(a_n)_{n \in \mathbb{N}}$, $(b_n)_{n \in \mathbb{N}}$ seien rekursiv definiert durch

$$a_0 := a, \quad b_0 := b, \quad a_{n+1} := \sqrt{a_n b_n}, \quad b_{n+1} := \frac{1}{2}(a_n + b_n).$$

für alle $n \in \mathbb{N}$. Man zeige, dass beide Folgen gegen denselben Grenzwert konvergieren. (Dieser Grenzwert heißt das arithmetisch–geometrische Mittel von a und b.)

Aufgabe 6 F*. Man zeige: Für alle natürlichen Zahlen $n \geqslant 1$ gilt

$$\sqrt[n]{n} \leqslant 1 + \frac{2}{\sqrt{n}}.$$

Aufgabe 6 G*. Man beweise mittels Aufgabe 6 F

$$\lim_{n \to \infty} \sqrt[n]{n} = 1.$$

Aufgabe 6 H. Man untersuche, ob der Grenzwert

$$\lim_{n\to\infty} \sqrt{n}\left(\sqrt[n]{n}-1\right)$$

existiert und berechne ihn gegebenenfalls.

Aufgabe 6 I. Seien $x, y > 0$ zwei positive reelle Zahlen. Man bestimme den Grenzwert

$$\lim_{n\to\infty} \sqrt[n]{x^n + y^n}.$$

Aufgabe 6 J*. Man beweise:

a) $\quad \lim\limits_{n\to\infty} \left(\sqrt[3]{n + \sqrt{n}} - \sqrt[3]{n} \right) = 0.$

b) $\quad \lim\limits_{n\to\infty} \left(\sqrt[3]{n + \sqrt[3]{n^2}} - \sqrt[3]{n} \right) = \dfrac{1}{3}.$

Aufgabe 6 K*. Die Folge $(a_n)_{n\in\mathbb{N}}$ sei definiert durch $a_n := \sqrt{n}$ für alle $n \in \mathbb{N}$. Man zeige, dass $(a_n)_{n\in\mathbb{N}}$ keine Cauchy–Folge ist, aber der folgenden Bedingung genügt: Zu jedem $\varepsilon > 0$ und jedem $k \in \mathbb{N}$ existiert ein $N \in \mathbb{N}$, so dass

$$|a_n - a_{n+k}| < \varepsilon \quad \text{für alle } n \geqslant N.$$

§ 7   Konvergenzkriterien für Reihen

Aufgabe 7 A*. Man untersuche die folgenden Reihen auf Konvergenz oder Divergenz:

$$\sum_{n=1}^{\infty} \frac{n!}{n^n}, \quad \sum_{n=0}^{\infty} \frac{n^4}{3^n}, \quad \sum_{n=0}^{\infty} \frac{n+4}{n^2 - 3n + 1}, \quad \sum_{n=1}^{\infty} \frac{(n+1)^{n-1}}{(-n)^n}.$$

Aufgabe 7 B. Man untersuche die folgenden Reihen auf Konvergenz oder Divergenz:

$$\sum_{n=1}^{\infty} \frac{n^2 + n}{n^4 - 11n^2 + 3}, \quad \sum_{n=0}^{\infty} \frac{3^n n!}{n^n}, \quad \sum_{n=0}^{\infty} \frac{2^n n!}{n^n}.$$

Aufgabe 7 C. Die Reihen $\sum_{n=1}^{\infty} a_n$ und $\sum_{n=1}^{\infty} b_n$ seien gegeben durch

$$a_n = \frac{1}{n} + \frac{(-1)^n}{n^2}, \quad b_n = \frac{1}{n^2} + \frac{(-1)^n}{n} \quad \text{für alle } n \in \mathbb{N}.$$

Man bestimme, welche der beiden Reihen konvergieren oder divergieren.

Aufgabe 7 D*. Man berechne den Grenzwert der Reihen

$$\sum_{n=0}^{\infty} \frac{1}{(2n+1)^s} \quad \text{und} \quad \sum_{n=0}^{\infty} \frac{(-1)^{n-1}}{n^s}$$

für $s = 2$ und $s = 4$. Dabei werde als bekannt vorausgesetzt, dass

$$\sum_{n=1}^{\infty} \frac{1}{n^2} = \frac{\pi^2}{6} \quad \text{und} \quad \sum_{n=1}^{\infty} \frac{1}{n^4} = \frac{\pi^4}{90}$$

gilt (vgl. An. 1, §21, Satz 11).

Aufgabe 7 E*.

a) Es sei $\sum_{n=0}^{\infty} a_n$ eine absolut konvergente Reihe und $(c_n)_{n \in \mathbb{N}}$ eine konvergente Folge reeller Zahlen. Man zeige: Die Reihe $\sum_{n=0}^{\infty}(c_n a_n)$ konvergiert absolut.

b) Man gebe ein Beispiel einer konvergenten Reihe $\sum_{n=0}^{\infty} a_n$ und einer konvergenten Folge $(c_n)_{n \in \mathbb{N}}$ an, so dass die Reihe $\sum_{n=0}^{\infty}(c_n a_n)$ divergiert.

Aufgabe 7 F*. Sei $\sum_{n=0}^{\infty} a_n$ eine konvergente, aber nicht absolut konvergente Reihe reeller Zahlen. Man beweise, dass es zu beliebig vorgegebenen $c \in \mathbb{R}$ eine Umordnung $\sum_{n=0}^{\infty} a_{\tau(n)}$ gibt (d.h. $\tau : \mathbb{N} \longrightarrow \mathbb{N}$ ist eine bijektive Abbildung), die gegen c konvergiert.

Aufgabe 7 G*. Es sei $h_n := \sum_{k=1}^{n} \frac{1}{k}$. Man beweise, dass die Reihe $\sum_{n=1}^{\infty} \frac{h_n}{2^n}$ konvergiert, und dass gilt

$$\sum_{n=1}^{\infty} \frac{1}{n 2^n} = \frac{1}{2} \sum_{n=1}^{\infty} \frac{h_n}{2^n}.$$

Aufgabe 7 H*.

a) Man zeige, dass die Reihe

$$g(x) := \sum_{k=0}^{\infty} \frac{1}{2k+1} x^{2k+1}$$

für alle $x \in \mathbb{R}$ mit $|x| < 1$ konvergiert.

b) Wieviele Reihenglieder muss man in den Fällen $x = \frac{1}{2}, \frac{1}{4}, \frac{1}{10}$ jeweils berücksichtigen, um $g(x)$ mit einer Genauigkeit von 10^{-6} zu berechnen?

Aufgabe 7 I*. Sei $(a_n)_{n \geqslant 1}$ eine Folge reeller Zahlen mit $|a_n| \leqslant M$ für alle $n \geqslant 1$, wobei $M \in \mathbb{R}$. Man zeige:

a) $f(x) := \sum_{n=1}^{\infty} a_n x^n$ konvergiert für alle $x \in \mathbb{R}$ mit $|x| < 1$.

b) Ist $a_1 \neq 0$, so gilt $f(x) \neq 0$ für alle $x \in \mathbb{R}$ mit $0 < |x| < \frac{|a_1|}{2M}$.

Aufgabe 7 J. Für welche $x \in \mathbb{R}$ konvergiert die Reihe $\sum_{n=0}^{\infty} \frac{n^3}{2^n} x^n$?

Aufgabe 7 K*. Es sei $(a_n)_{n \in \mathbb{N}}$ eine Folge nicht-negativer reeller Zahlen mit

$$a_0 \geqslant a_1 \geqslant a_2 \geqslant \dots.$$

Man beweise das *Reihenverdichtungs-Kriterium*:

Die Reihe $\sum_{n=0}^{\infty} a_n$ konvergiert genau dann, wenn $\sum_{n=0}^{\infty} 2^n a_{2^n}$ konvergiert.

Aufgabe 7 L. Man zeige, dass die Reihe $\sum_{n=1}^{\infty} \frac{1}{n\sqrt{n}}$ konvergiert.

(*Hinweis:* Man verwende das Reihenverdichtungs-Kriterium aus Aufgabe 7 K.)

Aufgabe 7 M*. Sei $\sum_{n=0}^{\infty} a_n$ eine unendliche Reihe reeller Zahlen.

a) Man beweise das *Wurzel-Kriterium*: Es gebe ein θ mit $0 < \theta < 1$ und ein $n_0 > 0$, so dass

$$\sqrt[n]{|a_n|} \leqslant \theta \quad \text{für alle } n \geqslant n_0.$$

Dann konvergiert die Reihe absolut.

b) Man zeige, dass die Bedingung

$$\sqrt[n]{|a_n|} < 1 \quad \text{für alle } n \geqslant n_0.$$

nicht hinreichend für die Konvergenz der Reihe $\sum a_n$ ist. Ist dies eine notwendige Bedingung?

Aufgabe 7 N*. Sei $(a_n)_{n \in \mathbb{N}}$ eine Folge positiver reeller Zahlen.

a) Man beweise das *Raabesche Konvergenz-Kriterium*:

i) Es gebe ein $\alpha > 1$ und ein $n_0 \geqslant 1$, so dass

$$\frac{a_n}{a_{n-1}} \leqslant 1 - \frac{\alpha}{n} \quad \text{für alle } n \geqslant n_0.$$

Dann ist die Reihe $\sum\limits_{n=0}^{\infty} a_n$ konvergent.

ii) Gilt

$$\frac{a_n}{a_{n-1}} \geqslant 1 - \frac{1}{n} \quad \text{für alle } n \geqslant n_0,$$

so divergiert die Reihe $\sum\limits_{n=0}^{\infty} a_n$.

b) Man beweise mithilfe des Raabeschen Konvergenz-Kriteriums: Die Reihe

$$\sum_{n=0}^{\infty} \binom{1/2}{n}$$

konvergiert absolut. (Zur Definition von $\binom{1/2}{n}$ vgl. Aufgabe 1 B.)

Aufgabe 7 O*. Es bezeichne

$$M_1 = \{2, 3, 4, \ldots, 8, 9, 20, 22, 23, \ldots, 29, 30, 32, \ldots, 39, 40, 42, \ldots\}$$

die Menge aller positiven ganzen Zahlen, in deren Dezimaldarstellung die Ziffer 1 nicht vorkommt. Man zeige

$$\sum_{n \in M_1} \frac{1}{n} < \infty.$$

§ 8   Die Exponentialreihe

Aufgabe 8 A*.

a) Sei $x \geqslant 1$ eine reelle Zahl. Man zeige, dass die Reihe

$$s(x) := \sum_{n=0}^{\infty} \binom{x}{n}$$

absolut konvergiert. (Die Zahlen $\binom{x}{n}$ wurden in Aufgabe 1 B definiert.)

b) Man beweise für reelle Zahlen $x, y \geqslant 1$ die Funktionalgleichung

$$s(x+y) = s(x)s(y).$$

c) Man berechne $s\left(n + \frac{1}{2}\right)$ für alle natürlichen Zahlen $n \geqslant 1$.

Aufgabe 8 B*. Für $n \in \mathbb{N}$ sei

$$a_n := b_n := \frac{(-1)^n}{\sqrt{n+1}}$$

und

$$c_n := \sum_{k=0}^{n} a_{n-k} b_k.$$

Man zeige, dass die Reihen $\sum_{n=0}^{\infty} a_n$ und $\sum_{n=0}^{\infty} b_n$ konvergieren, aber ihr Cauchy-Produkt $\sum_{n=0}^{\infty} c_n$ nicht konvergiert.

Aufgabe 8 C. Man gebe ein Beispiel zweier nicht konvergierender Reihen $\sum\limits_{n=0}^{\infty} a_n, \sum\limits_{n=0}^{\infty} b_n$ an, so dass ihr Cauchy–Produkt

$$\sum_{n=0}^{\infty} c_n, \qquad c_n := \sum_{k=0}^{n} a_{n-k} b_k \quad \text{für alle } n \in \mathbb{N},$$

konvergiert.

Aufgabe 8 D.

a) Man zeige, dass die Reihe

$$C(x) := \sum_{n=0}^{\infty} \frac{(-1)^n}{(2n)!} x^{2n}$$

für alle $x \in \mathbb{R}$ absolut konvergiert.

b) Man beweise mittels des Cauchy–Produkts von Reihen die Formel

$$2C(x)^2 = C(2x) + 1.$$

Hinweis: Man verwende die Formel aus Aufgabe 1 F.

Bemerkung. $C(x)$ ist die Cosinusreihe, die in An. 1, §14, behandelt wird.

Aufgabe 8 E*. Sei $M = \{1, 2, 4, 5, 8, 10, 16, 20, 25, \ldots\}$ die Menge aller natürlichen Zahlen $\geqslant 1$, die durch keine Primzahl $\neq 2, 5$ teilbar sind. Man betrachte die zu M gehörige Teilreihe der harmonischen Reihe und beweise

$$\sum_{n \in M} \frac{1}{n} = \frac{5}{2}.$$

Anleitung. Man bilde das Produkt der geometrischen Reihen $\sum 2^{-n}$ und $\sum 5^{-n}$.

§ 9 Punktmengen

Aufgabe 9 A*. Man beweise:

a) Die Menge $\mathfrak{P}_{\text{fin}}(\mathbb{N})$ aller *endlichen* Teilmengen von $\mathbb{N}$ ist abzählbar.

b) Die Menge $\mathfrak{P}(\mathbb{N})$ *aller* Teilmengen von $\mathbb{N}$ ist überabzählbar.

Aufgabe 9 B*. Sei $(a_n)_{n \in \mathbb{N}}$ eine beschränkte Folge reeller Zahlen und H die Menge ihrer Häufungspunkte. Man zeige

$$\limsup a_n = \sup H, \quad \liminf a_n = \inf H.$$

Aufgabe 9 C*. Man beweise: Eine Folge $(a_n)_{n \in \mathbb{N}}$ reeller Zahlen konvergiert genau dann gegen $a \in \mathbb{R}$, wenn

$$\limsup a_n = \liminf a_n = a$$

gilt.

Aufgabe 9 D. Sei $(a_n)_{n \in \mathbb{N}}$ eine Folge positiver reeller Zahlen. Man beweise:

a) i) $\limsup a_n = \infty \iff \liminf \dfrac{1}{a_n} = 0,$

   ii) $\liminf a_n = \infty \iff \limsup \dfrac{1}{a_n} = 0.$

b) Falls $0 < \limsup a_n < \infty$ und $0 < \liminf a_n < \infty$, gilt

   i) $\limsup \dfrac{1}{a_n} = \dfrac{1}{\liminf a_n},$

   ii) $\liminf \dfrac{1}{a_n} = \dfrac{1}{\limsup a_n}.$

Aufgabe 9 E*. Es sei M eine überabzählbare Menge positiver reeller Zahlen. Man beweise: Zu jeder Schranke $K > 0$ gibt es endlich viele (paarweise voneinander verschiedene) Zahlen $a_1, \ldots, a_n$ aus M, so dass gilt:

$$\sum_{k=1}^{n} a_k \geq K.$$

Aufgabe 9 F*. Sei $(a_n)_{n \in \mathbb{N}}$ eine Folge reeller Zahlen und

$$\theta := \limsup \sqrt[n]{|a_n|} \in \mathbb{R}_+ \cup \{\infty\}.$$

Man zeige:

a) Falls $\theta < 1$, konvergiert die Reihe $\sum\limits_{k=0}^{\infty} a_n$ absolut.

b) Falls $\theta > 1$, so divergiert die Reihe $\sum\limits_{k=0}^{\infty} a_n$.

c) Man zeige an Beispielen, dass im Fall $\theta = 1$ sowohl Konvergenz als auch Divergenz vorkommen kann.

Aufgabe 9 G. Eine Teilmenge $U \subset \mathbb{R}$ heißt offen, wenn es zu jedem $a \in U$ ein $\varepsilon > 0$ gibt, so dass

$$]a - \varepsilon, a + \varepsilon[\subset U.$$

Man zeige: Jede offene Teilmenge $U \subset \mathbb{R}$ ist Vereinigung von abzählbar vielen offenen Intervallen.

(*Zusatz:* Man kann die Intervalle sogar paarweise punktfremd wählen.)

Aufgabe 9 H*. Man konstruiere bijektive Abbildungen

i) $\varphi_1 : \mathbb{R}^* \to \mathbb{R}$,

ii) $\varphi_2 : \mathbb{R} \setminus \mathbb{Z} \to \mathbb{R}$,

iii) $\varphi_3 : \mathbb{R}_+^* \to \mathbb{R}$,

iv) $\varphi_4 : \mathbb{R}_+ \to \mathbb{R}$.

Aufgabe 9 I*. Das *Dedekindsche Schnittaxiom* für einen angeordneten Körper K lautet wie folgt:

Seien $A, B \subset K$ nicht-leere Teilmengen mit $A \cup B = K$, so dass für alle $x \in A$ und $y \in B$ gilt $x < y$. Dann gibt es genau ein $s \in K$ mit

$$x \leqslant s \leqslant y \quad \text{für alle } x \in A \text{ und } y \in B.$$

Man beweise:

a) Im Körper $\mathbb{R}$ gilt das Dedekindsche Schnittaxiom.

b) In einem angeordneten Körper impliziert das Dedekindsche Schnittaxiom das Archimedische Axiom und das Vollständigkeits-Axiom.

§ 10   Funktionen, Stetigkeit

Aufgabe 10 A*. Die Funktionen $g_n : \mathbb{R} \longrightarrow \mathbb{R}$, $n \in \mathbb{N}$, seien definiert durch

$$g_n(x) := \frac{nx}{1 + |nx|}.$$

Man zeige, dass alle Funktionen g_n stetig sind. Für welche $x \in \mathbb{R}$ ist die Funktion

$$x \overset{g}{\longmapsto} g(x) := \lim_{n \to \infty} g_n(x),$$

definiert bzw. stetig?

Aufgabe 10 B*. Seien $f, g : D \longrightarrow \mathbb{R}$ auf einer Teilmenge $D \subset \mathbb{R}$ definierte Funktionen. Die Funktionen

$$\varphi := \max(f, g) \quad \text{und} \quad \psi := \min(f, g)$$

seien definiert durch

$$\varphi(x) := \max(f(x), g(x)),$$
$$\psi(x) := \min(f(x), g(x))$$

für alle $x \in D$. Man zeige: Sind f und g stetig auf D, so auch φ und ψ.

Aufgabe 10 C. Für eine Funktion $f : D \longrightarrow \mathbb{R}$, $D \subset \mathbb{R}$, seien die Funktionen f_+, $f_- : D \longrightarrow \mathbb{R}$ definiert durch

$$f_+(x) := \begin{cases} f(x), & \text{falls } f(x) \geqslant 0, \\ 0, & \text{falls } f(x) < 0, \end{cases}$$

$$f_-(x) := \begin{cases} -f(x), & \text{falls } f(x) \leqslant 0, \\ 0, & \text{falls } f(x) > 0. \end{cases}$$

Man zeige:

a) $f = f_+ - f_-, \quad |f| = f_+ + f_-,$

b) f ist genau dann stetig, wenn f_+ und f_- stetig sind.

Aufgabe 10 D. Seien $f, g : \mathbb{R} \longrightarrow \mathbb{R}$ zwei stetige Funktionen mit

$$f(x) = g(x) \quad \text{für alle } x \in \mathbb{Q}.$$

Man zeige, dass dann bereits $f(x) = g(x)$ für alle $x \in \mathbb{R}$ gilt.

Aufgabe 10 E*. Die Funktion $f : \mathbb{Q} \longrightarrow \mathbb{R}$ werde definiert durch

$$f(x) := \begin{cases} 0, & \text{falls } x < \sqrt{2}, \\ 1, & \text{falls } x > \sqrt{2}. \end{cases}$$

Man zeige, dass f auf ganz $\mathbb{Q}$ stetig ist.

Aufgabe 10 F*. Die Funktion $f :]0, 1] \longrightarrow \mathbb{R}$ sei definiert durch

$$f(x) := \begin{cases} \frac{1}{q}, & \text{falls } x = \frac{p}{q} \text{ mit } p, q \in \mathbb{N} \text{ teilerfremd,} \\ 0, & \text{falls } x \text{ irrational.} \end{cases}$$

Man zeige, dass f in jedem irrationalen Punkt $a \in]0, 1]$ stetig ist.

§ 11 Sätze über stetige Funktionen

Aufgabe 11 A*. Es sei $F : [a,b] \longrightarrow \mathbb{R}$ eine stetige Funktion mit $F([a,b]) \subset [a,b]$. Man zeige, dass F mindestens einen Fixpunkt hat, d.h. es existiert ein $x_0 \in [a,b]$ mit $F(x_0) = x_0$.

Aufgabe 11 B*. Man zeige: Die Funktion sqrt : $\mathbb{R}_+ \longrightarrow \mathbb{R}$ ist gleichmäßig stetig, die Funktion $f : \mathbb{R}_+ \longrightarrow \mathbb{R}$, $f(x) := x^2$, ist dagegen nicht gleichmäßig stetig.

Aufgabe 11 C*. Sei $f : [a,b] \longrightarrow \mathbb{R}$ eine stetige Funktion. Der Stetigkeitsmodul $\omega_f : \mathbb{R}_+ \longrightarrow \mathbb{R}$ von f ist wie folgt definiert:

$$\omega_f(\delta) := \sup\{|f(x) - f(x')| : x,x' \in [a,b], \; |x - x'| \leqslant \delta\}.$$

Man beweise:

a) ω_f ist stetig auf $\mathbb{R}_+$, insbesondere gilt $\lim\limits_{\delta \searrow 0} \omega_f(\delta) = 0$.

b) Für $0 < \delta \leqslant \delta'$ gilt $\omega_f(\delta) \leqslant \omega_f(\delta')$.

c) Für alle $\delta, \delta' \in \mathbb{R}_+$ gilt $\omega_f(\delta + \delta') \leqslant \omega_f(\delta) + \omega_f(\delta')$.

Aufgabe 11 D*. Sei $f : \,]0,1] \longrightarrow \mathbb{R}$ eine stetige Funktion. Man zeige, dass f genau dann gleichmäßig stetig ist, falls $\lim\limits_{x \searrow 0} f(x)$ existiert.

Aufgabe 11 E. Sei M eine Teilmenge von $\mathbb{R}$. Die Funktion $d : \mathbb{R} \longrightarrow \mathbb{R}$ sei definiert durch

$$d(x) := \inf\{|x - y| : y \in M\} \quad \text{für alle } x \in \mathbb{R}.$$

Man zeige, dass d stetig ist.

Aufgabe 11 F*. Eine stetige Funktion $\varphi : [a,b] \to \mathbb{R}$ heißt stückweise linear, wenn es eine Unterteilung

$$a = t_0 < t_1 < \ldots < t_{r-1} < t_r = b$$

des Intervalls $[a,b]$ und Konstanten α_k, β_k gibt, so dass für $k = 0, \ldots, r-1$ gilt

$$\varphi(x) = \alpha_k + \beta_k x \quad \text{für } t_k \leqslant x \leqslant t_{k+1}.$$

(Der Graph von φ ist dann ein Polygonzug, der die Punkte $(t_k, \varphi(t_k))$, $k = 0, 1, \ldots, r$ verbindet.)

Der Vektorraum aller stetigen, stückweise linearen Funktionen $\varphi \colon [a,b] \to \mathbb{R}$ werde mit $PL[a,b]$ bezeichnet (PL von *piecewise linear*).

Man zeige:

a) Jede Funktion $\varphi \in PL[a,b]$ lässt sich schreiben als

$$\varphi(x) = \alpha + \beta x + \sum_{k=1}^{r-1} c_k |x - t_k|$$

mit geeigneten Konstanten $\alpha, \beta, c_k \in \mathbb{R}$ und $t_k \in \,]a,b[$.

b) Jede stetige Funktion $f \colon [a,b] \to \mathbb{R}$ lässt sich gleichmäßig durch stetige, stückweise lineare Funktionen approximieren, d.h. zu jedem $\varepsilon > 0$ existiert eine Funktion $\varphi \in PL[a,b]$ mit

$$|f(x) - \varphi(x)| \leqslant \varepsilon \quad \text{für alle } x \in [a,b].$$

Aufgabe 11 G.

a) Sei $[a,b] \subset \mathbb{R}$ ein abgeschlossenes Intervall und $f, g \colon [a,b] \longrightarrow \mathbb{R}$ seien zwei stetige Funktionen mit

$$f(a) > g(a), \quad f(b) < g(b).$$

Man beweise, dass es ein $x_0 \in [a,b]$ mit $f(x_0) = g(x_0)$ gibt.

b) Man zeige, dass die Gleichung

$$\frac{1}{1+x^2} = \sqrt{x}$$

eine Lösung $x_0 \in \mathbb{R}_+$ besitzt. Man skizziere die Graphen der Funktionen

$$\begin{cases} f \colon \mathbb{R} \longrightarrow \mathbb{R} \\ \quad x \longmapsto \frac{1}{1+x^2} \end{cases}, \quad \begin{cases} g \colon \mathbb{R} \longrightarrow \mathbb{R} \\ \quad x \longmapsto \sqrt{x} \end{cases},$$

in $[0,2]$ und gebe ein Intervall der Länge 10^{-3} an, in dem x_0 liegt.

§ 12 Logarithmus und allgemeine Potenz

Aufgabe 12 A.

a) Seien I, $J \subset \mathbb{R}$ Intervalle und $g : I \longrightarrow \mathbb{R}$, $f : J \longrightarrow \mathbb{R}$ Funktionen mit $g(I) \subset J$. Man zeige:

    i) Sind f und g beide streng monoton wachsend oder beide streng monoton fallend, so ist $f \circ g$ streng monoton wachsend.

    ii) Ist eine der beiden Funktionen f und g streng monoton wachsend und die andere streng monoton fallend, so ist $f \circ g$ streng monoton fallend.

b) Sei $h : I \longrightarrow \mathbb{R}_+^*$ eine streng monoton wachsende (bzw. fallende) Funktion. Man zeige, dass $\frac{1}{h}$ streng monoton fällt (bzw. wächst).

Aufgabe 12 B. Man zeige: Die Funktion $\mathbb{R} \longrightarrow \mathbb{R}$, $x \longmapsto a^x$ ist für $a > 1$ streng monoton wachsend und für $0 < a < 1$ streng monoton fallend. In beiden Fällen wird $\mathbb{R}$ bijektiv auf $\mathbb{R}_+^*$ abgebildet. Die Umkehrfunktion $^a\log : \mathbb{R}_+^* \longrightarrow \mathbb{R}$ (Logarithmus zur Basis a) ist stetig und es gilt

$$^a\log x = \frac{\log x}{\log a} \quad \text{für alle } x \in \mathbb{R}_+^*.$$

Aufgabe 12 C*. Man zeige: Die Funktion $\sinh$ bildet $\mathbb{R}$ bijektiv auf $\mathbb{R}$ ab; die Funktion $\cosh$ bildet $\mathbb{R}_+$ bijektiv auf $[1, \infty[$ ab. Für die Umkehrfunktionen

$$\begin{aligned}
&\mathrm{Ar\,sinh} : \mathbb{R} \longrightarrow \mathbb{R} && \text{(Area sinus hyperbolici)}, \\
&\mathrm{Ar\,cosh} : [1, \infty[\longrightarrow \mathbb{R} && \text{(Area cosinus hyperbolici)}
\end{aligned}$$

gelten die Beziehungen

$$\mathrm{Ar\,sinh}\, x = \log(x + \sqrt{x^2 + 1}), \quad \mathrm{Ar\,cosh}\, x = \log(x + \sqrt{x^2 - 1}).$$

Aufgabe 12 D. Die Funktion

$$\tanh : \mathbb{R} \longrightarrow \mathbb{R} \quad \text{(Tangens hyperbolicus)}$$

ist für alle $x \in \mathbb{R}$ definiert durch

$$\tanh x := \frac{\sinh x}{\cosh x}.$$

Man zeichne den Graphen der Funktion und zeige die folgenden Aussagen:

a) tanh ist streng monoton wachsend.

b) $\lim\limits_{x\to\infty} \tanh x = 1$, $\lim\limits_{x\to -\infty} \tanh x = -1$.

c) tanh bildet $\mathbb{R}$ bijektiv auf das offene Intervall $]-1,1[$ ab, und für die Umkehrfunktion

$$\text{Artanh} :]-1,1[\longrightarrow \mathbb{R} \quad \text{(Area tangens hyperbolicus)}$$

gilt

$$\text{Artanh}\, x = \frac{1}{2}\log \frac{1+x}{1-x}.$$

Aufgabe 12 E. Auf $\mathbb{R}^* = \mathbb{R} \smallsetminus \{0\}$ sei die Funktion f definiert durch

$$f(x) := \tanh\frac{1}{x}.$$

a) Man zeige: f ist auf jedem der Intervalle $]-\infty, 0[$ und $]0, \infty[$ streng monoton fallend.

b) Man berechne die Grenzwerte $\lim\limits_{x\searrow 0} f(x)$ und $\lim\limits_{x\nearrow 0} f(x)$ und zeichne den Graphen von f.

c) Man beweise, dass die wie folgt definierte Funktion $g : \mathbb{R} \longrightarrow \mathbb{R}$,

$$g(x) := \begin{cases} x\tanh\frac{1}{x}, & \text{für } x \neq 0, \\ 0, & \text{für } x = 0 \end{cases}$$

stetig ist.

Aufgabe 12 F. Für $x > 1$ seien $f_0(x)$ bis $f_9(x)$ auf $\mathbb{R}$ der Reihe nach definiert als

$$1, \log(\log x), \log x, x^a, x^b, e^x, x^x, (x^x)^x, e^{(e^x)}, x^{(x^x)}.$$

Dabei seien a, b reelle Zahlen mit $0 < a < b$. Man beweise: Für $i, k \in \{0, \ldots, 9\}$ mit $i < k$ gilt

$$\lim\limits_{x\to\infty} \frac{f_i(x)}{f_k(x)} = 0.$$

Aufgabe 12 G*. Man beweise

$$\lim\limits_{x\searrow 0} x^x = 1 \quad \text{und} \quad \lim\limits_{n\to\infty} \sqrt[n]{n} = 1.$$

Aufgabe 12 H*. Sei $a > 0$. Die Folgen $(x_n)_{n \in \mathbb{N}}$ und $(y_n)_{n \in \mathbb{N}}$ seien definiert durch

$$x_0 := a, \quad x_{n+1} := \sqrt{x_n}, \quad y_n := 2^n(x_n - 1) \quad \text{für alle } n \in \mathbb{N}.$$

Man beweise $\lim_{n \to \infty} y_n = \log a$.

Aufgabe 12 I*. Man beweise, dass die Reihen

$$\sum_{n=2}^{\infty} \log\left(1 - \frac{1}{n^2}\right), \quad \sum_{n=2}^{\infty} \log\left(1 + \frac{1}{n^2}\right),$$

konvergieren.

Aufgabe 12 J*. Man zeige: Die Reihe $\sum_{k=2}^{\infty} \frac{1}{k \log k}$ divergiert und die Reihe $\sum_{k=2}^{\infty} \frac{1}{k(\log k)^2}$ konvergiert.

Aufgabe 12 K*. Man bestimme alle stetigen Funktionen, die folgende Funktionalgleichungen genügen:

a) $f : \mathbb{R} \longrightarrow \mathbb{R}, \quad f(x+y) = f(x) + f(y)$,

b) $g : \mathbb{R}_+^* \longrightarrow \mathbb{R}, \quad g(xy) = g(x) + g(y)$,

c) $h : \mathbb{R}_+^* \longrightarrow \mathbb{R}, \quad h(xy) = h(x)h(y)$.

§ 13 Die Exponentialfunktion im Komplexen

Aufgabe 13 A*. Sei c eine komplexe Zahl ungleich 0. Man beweise: Die Gleichung $z^2 = c$ besitzt genau zwei Lösungen. Für eine der beiden Lösungen gilt

$$\text{Re}(z) = \text{sqrt}\left(\frac{|c| + \text{Re}(c)}{2}\right), \quad \text{Im}(z) = \sigma \, \text{sqrt}\left(\frac{|c| - \text{Re}(c)}{2}\right),$$

wobei

$$\sigma := \begin{cases} +1, & \text{falls } \text{Im}(c) \geqslant 0, \\ -1, & \text{falls } \text{Im}(c) < 0. \end{cases}$$

Die andere Lösung ist das Negative davon.

Aufgabe 13 B. Seien $a, b \in \mathbb{C}$. Man zeige: Die Gleichung

$$z^2 + az + b = 0$$

hat genau eine bzw. zwei Lösungen $z \in \mathbb{C}$, je nachdem

$$a^2 - 4b = 0 \quad \text{bzw.} \quad a^2 - 4b \neq 0.$$

Aufgabe 13 C*. Man beschreibe die Mengen

$$M_1 := \{z \in \mathbb{C} : |1 - z| \geqslant |1 + z|\},$$
$$M_2 := \{z \in \mathbb{C} : |z - i| = |z + i| = \sqrt{2}\}.$$

(Mit Skizze!)

Aufgabe 13 D. Die Funktionen Cosinus hyperbolicus und Sinus hyperbolicus werden im Komplexen definiert durch

$$\cosh z = \frac{1}{2}(e^z + e^{-z}), \quad \sinh z = \frac{1}{2}(e^z - e^{-z}).$$

Man beweise die Additionstheoreme

$$\cosh(z_1 + z_2) = \cosh z_1 \cosh z_2 + \sinh z_1 \sinh z_2,$$
$$\sinh(z_1 + z_2) = \cosh z_1 \sinh z_2 + \sinh z_1 \cosh z_2$$

für alle $z_1, z_2 \in \mathbb{C}$.

Aufgabe 13 E*. Es sei $k \geqslant 1$ eine natürliche Zahl und für $n \in \mathbb{N}$ seien

$$A_n \in \mathrm{M}(k \times k, \mathbb{C}), \quad A_n = \left(a_{ij}^{(n)} \right),$$

komplexe $k \times k$–Matrizen. Man sagt, die Folge $(A_n)_{n \in \mathbb{N}}$ konvergiere gegen die Matrix $A = (a_{ij}) \in \mathrm{M}(k \times k, \mathbb{C})$, falls für jedes Paar $(i, j) \in \{1, \dots, k\}^2$ gilt

$$\lim_{n \to \infty} a_{ij}^{(n)} = a_{ij}.$$

Man beweise:

a) Für jede Matrix $A \in \mathrm{M}(k \times k, \mathbb{C})$ konvergiert die Reihe

$$\exp(A) := \sum_{n=0}^{\infty} \frac{1}{n!} A^n.$$

b) Seien $A, B \in \mathrm{M}(k \times k, \mathbb{C})$ Matrizen mit $AB = BA$. Dann gilt

$$\exp(A + B) = \exp(A) \exp(B).$$

§ 14 Trigonometrische Funktionen

Aufgabe 14 A*. Es sei x eine reelle Zahl und $n \geqslant 1$ eine natürliche Zahl. Die Punkte $A_k^{(n)}$ auf dem Einheitskreis der komplexen Ebene seien wie folgt definiert:

$$A_k^{(n)} := e^{i \frac{k}{n} x}, \quad k = 0, 1, \ldots, n.$$

Sei L_n die Länge des Polygonzugs $A_0^{(n)} A_1^{(n)} \ldots A_n^{(n)}$, d.h.

$$L_n = \sum_{k=1}^{n} |A_k^{(n)} - A_{k-1}^{(n)}|.$$

Man beweise

a) $L_n = 2n |\sin \frac{x}{2n}|$,

b) $\lim_{n \to \infty} \left(2n \sin \frac{x}{2n} \right) = x$.

Aufgabe 14 B*. Man berechne die exakten Werte von $\sin x$, $\cos x$, $\tan x$ an den Stellen $x = \frac{\pi}{3}, \frac{\pi}{4}, \frac{\pi}{5}, \frac{\pi}{6}$.

Aufgabe 14 C*. Man zeige mit Hilfe der Eulerschen Formel für alle $x \in \mathbb{R}$

$$\cos^3 x = \frac{1}{4} \cos(3x) + \frac{3}{4} \cos x.$$

Aufgabe 14 D*. Für $-1 \leqslant x \leqslant 1$ und $n \in \mathbb{N}$ sei

$$T_n(x) := \cos(n \arccos x).$$

Man zeige: T_n ist ein Polynom n–ten Grades in x mit ganzzahligen Koeffizienten.

(T_n heißt n–tes Tschebyscheff–Polynom.)

Aufgabe 14 E*. Man beweise für alle $x \in \mathbb{R} \setminus \{n\pi/2 : n \in \mathbb{Z}\}$

$$\tan x = \cot x - 2 \cot 2x.$$

Aufgabe 14 F. Die Funktionen Cosinus und Sinus werden im Komplexen wie folgt definiert: Für $z \in \mathbb{C}$ sei

$$\cos z := \frac{1}{2}(e^{iz} + e^{-iz}), \quad \sin z := \frac{1}{2i}(e^{iz} - e^{-iz}).$$

Man zeige für alle $x, y \in \mathbb{R}, z \in \mathbb{C}$

    a) $\cos(x + iy) = \cos x \cosh y - i \sin x \sinh y$,

    b) $\sin(x + iy) = \sin x \cosh y + i \cos x \sinh y$,

    c) $\cosh(iz) = \cos z$,

    d) $\sinh(iz) = i \sin z$.

Aufgabe 14 G*. Sei x eine reelle Zahl, $x \neq (2k + 1)\pi$ für alle $k \in \mathbb{Z}$. Man beweise: Ist $u := \tan \frac{x}{2}$, so gilt

$$\sin x = \frac{2u}{1 + u^2}, \quad \cos x = \frac{1 - u^2}{1 + u^2}.$$

Aufgabe 14 H*. Sei $x \in \mathbb{R}$. Die Folge $(x_n)_{n \in \mathbb{N}}$ werde rekursiv wie folgt definiert:

$$x_0 := x, \quad x_{n+1} := \frac{x_n}{1 + \sqrt{1 + x_n^2}}.$$

Man zeige:

$$\lim_{n \to \infty}(2^n x_n) = \arctan x.$$

Aufgabe 14 I. Man finde eine analoge Folge für $\arcsin x$, wie für $\arctan x$ in Aufgabe 14 H.

Aufgabe 14 J*. (vgl. Aufgabe 13 E). Man zeige, dass für jedes $t \in \mathbb{R}$ gilt

$$\exp \begin{pmatrix} 0 & -t \\ t & 0 \end{pmatrix} = \begin{pmatrix} \cos t & -\sin t \\ \sin t & \cos t \end{pmatrix}.$$

Aufgabe 14 K. In $\mathbb{C}$ betrachte man die von dem Parameter $c \in \mathbb{R}$ abhängenden Geraden

$$g_c := \{z \in \mathbb{C} : \mathrm{Re}(z) = c\}, \quad h_c := \{z \in \mathbb{C} : \mathrm{Im}(z) = c\}.$$

Man bestimme die Bilder dieser Geraden unter der Exponentialfunktion exp :
$\mathbb{C} \longrightarrow \mathbb{C}$. Man zeichne die Kurven

$$\exp(g_c) \text{ für } c = -2, -1, 0, \frac{1}{2}, 1, \frac{3}{2}, 2;$$

$$\exp(h_c) \text{ für } c = \frac{k\pi}{8}, \ k = 0, 1, \ldots, 15.$$

§ 15 Differentiation

Aufgabe 15 A*. Man berechne die Ableitungen der folgenden Funktionen
$f_k : \mathbb{R}_+^* \longrightarrow \mathbb{R}, \ k = 1, \ldots, 5,$

$$f_1(x) := x^{(x^x)}, \ f_2(x) := (x^x)^x, \ f_3(x) := x^{(x^a)},$$

$$f_4(x) := x^{(a^x)}, \ f_5(x) := a^{(x^x)}.$$

Dabei sei a eine positive Konstante.

Aufgabe 15 B. Für welche $x \in \mathbb{R}$ sind die folgenden Funktionen f_k definiert,
wo sind sie differenzierbar? Man berechne gegebenenfalls ihre Ableitungen.

$$f_1(x) = \frac{ax+b}{cx+d}, \qquad f_2(x) = \frac{\cos x}{1+x^2}, \qquad f_3(x) = \cos\left(\frac{2}{1+x^2}\right),$$

$$f_4(x) = e^x \sin x, \qquad f_5(x) = \log(\cos x), \ f_6(x) = \arctan x^2,$$

$$f_7(x) = (\arctan x)^2.$$

Dabei sind $a, b, c, d \in \mathbb{R}$ mit $ad - bc = 1$

Aufgabe 15 C*. Sei $f : \mathbb{R}_+^* \longrightarrow \mathbb{R}$ mit $f(x) := \frac{\sin x}{\sqrt{x}}$. Man zeige

$$f''(x) + \frac{1}{x}f'(x) + \left(1 - \frac{1}{4x^2}\right)f(x) = 0.$$

Aufgabe 15 D*. Die Funktion $f : \mathbb{R} \longrightarrow \mathbb{R}$ sei definiert durch

$$f(x) := \begin{cases} 0, & \text{falls } x \leqslant 0, \\ x^{n+1}, & \text{falls } x > 0. \end{cases}$$

Dabei ist n eine vorgegebene natürliche Zahl. Man zeige, dass f auf ganz $\mathbb{R}$ n–mal stetig differenzierbar ist und berechne $f^{(k)}$ für alle $k \in \{1, 2, \ldots, n\}$.

Aufgabe 15 E*. Die Funktion $g : \mathbb{R} \longrightarrow \mathbb{R}$ sei wie folgt definiert:

$$g(x) := \left\{ \begin{array}{ll} 0, & \text{falls } x = 0, \\ x^2 \cos \frac{1}{x}, & \text{falls } x \neq 0. \end{array} \right.$$

Man zeige, dass g in jedem Punkt $x \in \mathbb{R}$ differenzierbar ist und berechne die Ableitung.

Aufgabe 15 F. Die Funktion $h : \mathbb{R} \longrightarrow \mathbb{R}$ sei wie folgt definiert:

$$h(x) := \left\{ \begin{array}{ll} 0, & \text{falls } x \leqslant 0, \\ e^{-1/x} & \text{falls } x > 0. \end{array} \right.$$

Man skizziere den Graphen der Funktion und zeige, dass h auf ganz $\mathbb{R}$ beliebig oft differenzierbar ist.

Aufgabe 15 G. Man zeige durch vollständige Induktion nach $n \in \mathbb{N}$

$$\frac{d^n}{dx^n} e^{-x^2} = F_n(x) e^{-x^2},$$

wobei F_n ein Polynom n–ten Grades in x ist.

Aufgabe 15 H*. Man berechne die Ableitungen der Funktionen

$$\sinh : \mathbb{R} \longrightarrow \mathbb{R}, \quad \cosh : \mathbb{R} \longrightarrow \mathbb{R}, \quad \tanh := \frac{\sinh h}{\cosh h} : \mathbb{R} \longrightarrow \mathbb{R}.$$

Aufgabe 15 I*. Man beweise: Die Funktion $\tanh : \mathbb{R} \longrightarrow \mathbb{R}$ ist streng monoton wachsend und bildet $\mathbb{R}$ bijektiv auf $]-1, 1[$ ab. Die Umkehrfunktion

$$\mathrm{Ar} \tanh :]-1, 1[\longrightarrow \mathbb{R}$$

ist differenzierbar. Man berechne die Ableitung.

Aufgabe 15 J*. Es sei $D \subset \mathbb{R}$ und es seien $f, g : D \longrightarrow \mathbb{R}$ zwei in D n–mal differenzierbare Funktionen. Man beweise durch vollständige Induktion nach n die folgenden Beziehungen:

a) $\dfrac{d^n}{dx^n}(f(x)g(x)) = \sum\limits_{k=0}^{n} \dbinom{n}{k} f^{(n-k)}(x)g^{(k)}(x)$, (Leibnizsche Formel).

b) $f(x)\dfrac{d^n g(x)}{dx^n} = \sum\limits_{k=0}^{n}(-1)^k \dbinom{n}{k}\dfrac{d^{n-k}}{dx^{n-k}}\left(f^{(k)}(x)g(x)\right)$.

Aufgabe 15 K*. Eine Funktion $f : \mathbb{R} \longrightarrow \mathbb{R}$ heißt *gerade*, wenn $f(x) = f(-x)$ für alle $x \in \mathbb{R}$, und *ungerade*, wenn $f(x) = -f(-x)$ für alle $x \in \mathbb{R}$ gilt.

a) Man zeige: Die Ableitung einer geraden (bzw. ungeraden) Funktion ist ungerade (bzw. gerade).

b) Sei $f : \mathbb{R} \longrightarrow \mathbb{R}$ die Polynomfunktion

$$f(x) = \sum_{k=0}^{n} a_k x^k = a_0 + a_1 x + \ldots + a_n x^n, \quad (a_k \in \mathbb{R}).$$

Man beweise: f ist genau dann gerade (bzw. ungerade), wenn $a_k = 0$ für alle ungeraden (bzw. geraden) Indizes k ist.

§ 16   Lokale Extrema. Mittelwertsatz. Konvexität

Aufgabe 16 A*. Es sei $n \geqslant 1$ eine natürliche Zahl. Man beweise, dass die Funktion $f : \mathbb{R}_+ \longrightarrow \mathbb{R}$, $f(x) = x^n e^{-x}$, an einer einzigen Stelle, nämlich bei $x = n$, ihr (absolutes) Maximum annimmt. An dieser Stelle hat f zugleich das einzige relative Maximum.

Aufgabe 16 B. Für $x \in \mathbb{R}$ sei

$$P(x) := 3 + 4(x-1)^2$$

und

$$F(x) := P(x)e^{-x^2}.$$

Man bestimme alle absoluten Extrema der Funktion $F : \mathbb{R} \longrightarrow \mathbb{R}$.

Aufgabe 16 C. Sei $f : \mathbb{R}_+^* \longrightarrow \mathbb{R}$ die durch

$$f(x) = \frac{\log x}{x}$$

definierte Funktion.

a) Man bestimme alle lokalen und absoluten Extrema von f.

b) Man bestimme die maximalen Intervalle $I \subset \mathbb{R}_+^*$, in denen f konvex bzw. konkav ist.

Aufgabe 16 D*. Das Legendresche Polynom n–ter Ordnung $P_n : \mathbb{R} \longrightarrow \mathbb{R}$ ist für alle $x \in \mathbb{R}$ definiert durch

$$P_n(x) := \frac{1}{2^n n!} \frac{d^n}{dx^n} \left[\left(x^2 - 1 \right)^n \right].$$

Man beweise:

a) P_n hat genau n paarweise verschiedene Nullstellen im Intervall $]-1,1[$.

b) P_n genügt der Differentialgleichung

$$(1 - x^2) P_n''(x) - 2x P_n'(x) + n(n+1) P_n(x) = 0$$

(Legendresche Differentialgleichung).

Aufgabe 16 E*. Man beweise, dass jede in einem offenen Intervall $D \subset \mathbb{R}$ konvexe Funktion $f : D \longrightarrow \mathbb{R}$ stetig ist.

Aufgabe 16 F. Man beweise: Eine im Intervall $I \subset \mathbb{R}$ stetige Funktion $f : I \longrightarrow \mathbb{R}$ ist genau dann konvex, wenn

$$f\left(\frac{x+y}{2} \right) \leqslant \frac{f(x) + f(y)}{2} \quad \text{für alle } x, y \in I.$$

Aufgabe 16 G*. Sei $\varepsilon > 0$ und $a \in \mathbb{R}$. Die Funktion

$$f :]a - \varepsilon, a + \varepsilon[\longrightarrow \mathbb{R}$$

sei zweimal differenzierbar. Man zeige

$$f''(a) = \lim_{h \to 0} \frac{f(a+h) - 2f(a) + f(a-h)}{h^2}.$$

Aufgabe 16 H*. (Verallgemeinerter Mittelwertsatz).
Seien $a, b \in \mathbb{R}$ mit $a < b$ und seien $f, g : [a,b] \longrightarrow \mathbb{R}$ zwei stetige Funktionen, die in $]a,b[$ differenzierbar sind. Man zeige: Es existiert ein $\xi \in]a,b[$, so dass

$$(f(b) - f(a)) g'(\xi) = (g(b) - g(a)) f'(\xi).$$

Aufgabe 16 I*. Mithilfe des verallgemeinerten Mittelwertsatzes beweise man die folgende Regel von de l' Hospital, (vgl. An. 1, §16, Satz 10):

Seien $a, b \in \mathbb{R}$ mit $a < b$ und seien $f, g :]a,b[\longrightarrow \mathbb{R}$ zwei differenzierbare Funktionen. Es gelte weiter:

a) $g'(x) \neq 0$ für alle $x \in]a,b[$,

b) $\lim\limits_{x \searrow a} \dfrac{f'(x)}{g'(x)} = c \in \mathbb{R}$,

c) Entweder $\lim\limits_{x \searrow a} f(x) = \lim\limits_{x \searrow a} g(x) = 0$ oder $\lim\limits_{x \searrow a} |g(x)| = \infty$.

Man zeige

$$\lim_{x \searrow a} \frac{f(x)}{g(x)} = c.$$

Aufgabe 16 J*. Gegeben sei die Funktion $F_a(x) := (2 - a^{1/x})^x$, $(x \in \mathbb{R}_+^*)$, wobei $0 < a < 1$ ein Parameter sei. Man untersuche, ob die Grenzwerte

$$\lim_{x \searrow 0} F_a(x) \quad \text{und} \quad \lim_{x \to \infty} F_a(x)$$

existieren und berechne sie gegebenenfalls.

§ 17 Numerische Lösung von Gleichungen

Aufgabe 17 A*. Sei $k > 0$ eine natürliche Zahl. Man zeige, dass die Gleichung $x = \tan x$ im Intervall $](k - \frac{1}{2})\pi, (k + \frac{1}{2})\pi[$ genau eine Lösung ξ_k besitzt und dass die Folge $(x_n)_{n \in \mathbb{N}}$,

$$x_0 := \left(k + \frac{1}{2}\right)\pi, \quad x_{n+1} := k\pi + \arctan x_n \quad \text{für } n \in \mathbb{N},$$

gegen ξ_k konvergiert. Man berechne ξ_k mit einer Genauigkeit von 10^{-6} für die Fälle $k = 1, 2, 3$.

Aufgabe 17 B*. Man berechne alle reellen Nullstellen des Polynoms

$$f(x) = x^5 - x - \frac{1}{5}$$

mit einer Genauigkeit von 10^{-6}.

Aufgabe 17 C. Man zeige: Für jedes $n \in \mathbb{N}$ und jedes $a \in \mathbb{R}$ hat das Polynom

$$f(x) = x^{2n+1} + x - a$$

genau eine reelle Nullstelle. Man berechne diese Nullstelle für $n = 3$, $a = 10$ mit einer Genauigkeit von 10^{-6}.

Aufgabe 17 D*. Man bestimme alle reellen Lösungen der Gleichung

$$x^2 + \cos(\pi x) = 0$$

mit einer Genauigkeit von 10^{-6}.

Aufgabe 17 E. Man beweise, dass die Gleichung $2^x = 3x$ genau zwei reelle Lösungen hat und berechne sie mit einer Genauigkeit von 10^{-6}.

Aufgabe 17 F*. Es seien $a, b \in \mathbb{R}$ mit $a < b$ und es sei $f : [a,b] \longrightarrow \mathbb{R}$ eine auf dem Intervall $[a,b]$ stetige, streng monoton wachsende Funktion mit

$$f(a) > a, \quad f(b) < b.$$

Man beweise: Die beiden Folgen $(x_n)_{n \in \mathbb{N}}, (y_n)_{n \in \mathbb{N}}$, definiert durch

$$x_0 := a, \quad x_{n+1} := f(x_n) \quad \text{für } n \in \mathbb{N},$$
$$y_0 := b, \quad y_{n+1} := f(y_n) \quad \text{für } n \in \mathbb{N},$$

konvergieren jeweils gegen eine Lösung der Gleichung $f(x) = x$.

Aufgabe 17 G*. Es sei eine reelle Zahl $\alpha > 0$ gegeben. Man beweise:

a) Für jedes $p \in {]0,1[}$ besitzt die Gleichung

$$(1+x)e^{-\alpha x} = p$$

auf $\mathbb{R}_+^*$ genau eine Lösung $x_\alpha(p)$.

b) Die Lösung $x_\alpha(p)$ ist für $p \searrow 0$ asymptotisch gleich $\frac{1}{\alpha} \log \frac{1}{p}$, d.h.

$$\lim_{p \searrow 0} \frac{x_\alpha(p)}{\frac{1}{\alpha} \log \frac{1}{p}} = 1.$$

c) Man berechne $x_1(p)$ für $p = 1, \frac{1}{2}, \frac{1}{10}, \frac{1}{100}$ mit einer Genauigkeit von 10^{-6}.

Aufgabe 17 H*. Man leite eine weitere hinreichende Bedingung für die Konvergenz des Newton–Verfahrens zur Lösung von $f(x) = 0$ her, indem man auf die Funktion

$$F(x) := x - \frac{f(x)}{f'(x)}$$

An. 1, Satz 1 aus §17 anwende.

Aufgabe 17 I*. Sei $a > 0$ vorgegeben. Die Folge $(a_n)_{n \in \mathbb{N}}$ werde rekursiv definiert durch

$$a_0 := a, \quad a_{n+1} := a^{a_n} \quad \text{für } n \in \mathbb{N}.$$

a) Man zeige: Die Folge $(a_n)_{n \in \mathbb{N}}$ konvergiert für $1 \leqslant a \leqslant e^{1/e}$ und divergiert für $a > e^{1/e}$.

Hinweis. Ein möglicher Grenzwert ist Fixpunkt der Abbildung $x \mapsto a^x$.

b) Man bestimme den (exakten) Wert von $\lim_{n \to \infty} a_n$ für $a = e^{1/e}$ und eine numerische Näherung (mit einer Genauigkeit von 10^{-6}) von $\lim_{n \to \infty} a_n$ für $a = \frac{6}{5}$.

c) Wie ist das Konvergenzverhalten der Folge für einen Anfangswert $a \in {]0, 1[}$?

§ 18   Das Riemannsche Integral

Aufgabe 18 A*. Man berechne das Integral

$$\int_0^a x^k \, dx, \quad (k \in \mathbb{N}, \, a \in \mathbb{R}_+^*),$$

mittels Riemannscher Summen. Dabei benutze man eine äquidistante Teilung des Intervalls $[0, a]$.

Aufgabe 18 B*. Man berechne das Integral

$$\int_1^a \frac{dx}{x}, \quad (a > 1),$$

mittels Riemannscher Summen.

Anleitung: Man wähle folgende Unterteilung:

$$1 = x_0 < x_1 < \ldots < x_n = a, \text{ wobei } x_k := a^{k/n} \text{ für } k \in \{0,\ldots,n\}.$$

Als Stützstellen wähle man $\xi_k := x_{k-1}$ für alle $k \in \{1,\ldots,n\}$.

Aufgabe 18 C. Man berechne das Integral

$$\int\limits_1^a \log x\,dx, \quad (a > 1),$$

mittels Riemannscher Summen.

Anleitung: Man verwende dieselbe Unterteilung wie in Aufgabe 18 B.

Aufgabe 18 D*. Seien $a, b \in \mathbb{R}$ mit $a \leqslant b$ und sei $f : [a,b] \longrightarrow \mathbb{R}$ eine Riemann–integrierbare Funktion. Es gebe ein $\delta > 0$, so dass $f(x) \geqslant \delta$ für alle $x \in [a,b]$. Man zeige: Die Funktion $\frac{1}{f}$ ist Riemann–integrierbar.

Aufgabe 18 E. Seien $a, b \in \mathbb{R}$ mit $a \leqslant b$. Weiter sei $f : [a,b] \longrightarrow \mathbb{R}$ eine Riemann–integrierbare Funktion und $[A,B] \subset \mathbb{R}$ ein beschränktes Intervall mit

$$f([a,b]) \subset [A,B].$$

Man zeige: Für jede stetig differenzierbare Funktion $\varphi : [A,B] \longrightarrow \mathbb{R}$ ist die Funktion

$$\varphi \circ f : [a,b] \longrightarrow \mathbb{R}$$

wieder Riemann–integrierbar.

Aufgabe 18 F. Seien $a, b \in \mathbb{R}$ mit $a \leqslant b$. Eine komplexwertige Funktion

$$f = f_1 + if_2 : [a,b] \longrightarrow \mathbb{C}, \quad (f_1, f_2 : [a,b] \longrightarrow \mathbb{R}),$$

heißt Riemann–integrierbar, wenn sowohl f_1 als auch f_2 Riemann–integrierbar sind, und man setzt

$$\int\limits_a^b f(x)\,dx := \int\limits_a^b f_1(x)\,dx + i \int\limits_a^b f_2(x)\,dx.$$

Man zeige: Ist $f : [a,b] \longrightarrow \mathbb{C}$ Riemann–integrierbar, so ist auch $|f|$ Riemann–integrierbar und es gilt

$$\left| \int_a^b f(x)\,dx \right| \leqslant \int_a^b |f(x)|\,dx.$$

Aufgabe 18 G*. Die Funktion $f : [0,1] \longrightarrow \mathbb{R}$ sei für alle $x \in [0,1]$ definiert durch

$$f(x) := \begin{cases} 0, & \text{falls } x \text{ irrational ist,} \\ \dfrac{1}{q}, & \text{falls } x = \dfrac{p}{q} \text{ mit teilerfremden } p,q \in \mathbb{N},\ q \geqslant 1. \end{cases}$$

Man zeige, dass f Riemann–integrierbar ist mit

$$\int_0^1 f(x)\,dx = 0.$$

§ 19   Integration und Differentiation

Aufgabe 19 A*. Seien $a, b \in \mathbb{R}_+^*$. Man berechne den Flächeninhalt der Ellipse

$$E := \left\{ (x,y) \in \mathbb{R}^2 : \frac{x^2}{a^2} + \frac{y^2}{b^2} \leqslant 1 \right\}.$$

Aufgabe 19 B. Man berechne den Flächeninhalt der Menge

$$S := \{ (x,y) \in \mathbb{R}^2 : 0 \leqslant x \leqslant \pi,\ 0 \leqslant y \leqslant \sin x \}.$$

Aufgabe 19 C*. Man berechne die bestimmten Integrale

$$\int_0^{2\pi} x\cos x\,dx, \qquad \int_0^{\pi} x\sin x\,dx.$$

Aufgabe 19 D*. Man berechne das unbestimmte Integral

$$\int \frac{dx}{ax^2 + bx + c}.$$

Dabei sind $a, b, c \in \mathbb{R}$. Man gebe den Definitionsbereich in Abhängigkeit von a, b, c an.

Aufgabe 19 E*. Man berechne das Integral

$$\int \frac{dx}{1 + x^4}$$

mittels Partialbruchzerlegung.

Aufgabe 19 F*. Man berechne die folgenden Integrale:

a) $\int x^2 e^{\lambda x} dx, \quad (\lambda \in \mathbb{R}),$

b) $\int x^2 \cos x \, dx,$

c) $\int e^{-x} \cos(5x) \, dx.$

Aufgabe 19 G. Man berechne die folgenden Integrale:

a) $\int x^2 \sin(2x) \, dx,$

b) $\int \cos x \sin(2x) \, dx,$

c) $\int x^3 e^{-x^2} dx.$

Aufgabe 19 H. Man berechne die folgenden Integrale:

a) $\displaystyle\int \sqrt{x^2+a^2}\,dx, \quad (a>0)$,

b) $\displaystyle\int \sqrt{1-x+x^2}\,dx$,

c) $\displaystyle\int \frac{\sqrt{1+x^2}}{x}\,dx, \quad (x>0)$.

Aufgabe 19 I. Man berechne die folgenden Integrale und gebe den jeweiligen Definitionsbereich an:

a) $\displaystyle\int \sqrt{4+3x-x^2}\,dx$,

b) $\displaystyle\int x\sqrt{x^2-3x-4}\,dx$,

c) $\displaystyle\int x\sqrt{1+x^2}\,dx$.

Aufgabe 19 J. Man berechne die folgenden Integrale und gebe den jeweiligen Definitionsbereich an:

a) $\displaystyle\int \log(2-x^2)\,dx$,

b) $\displaystyle\int x\log(2-x^2)\,dx$.

Aufgabe 19 K. Man bestimme eine Rekursionsformel für die Integrale

$$I_m(x) := \int\limits_0^x \tan^m u\,du, \quad |x| < \frac{\pi}{2}, m \in \mathbb{N}.$$

Aufgabe 19 L. Man berechne die folgenden Integrale und gebe den jeweiligen Definitionsbereich an:

a) $\quad \int \dfrac{dx}{\sin x}$,

b) $\quad \int \dfrac{dx}{\sin x + \cos x}$.

Hinweis: Man verwende die Substitution $u = \tan \frac{x}{2}$ und Aufgabe 14 G.

Aufgabe 19 M. Man berechne die folgenden Integrale und gebe den jeweiligen Definitionsbereich an:

a) $\quad \int \dfrac{dx}{\cos x}$,

b) $\quad \int \dfrac{dx}{\sin x \cos(2x)}$.

Aufgabe 19 N. Man berechne das Integral

$$\int |x|\, dx.$$

Aufgabe 19 O*. Man zeige: Das Riemannsche Lemma (An. 1, §19, Satz 6)

$$\lim_{k \to \infty} \int_a^b f(x)\, \sin kx\, dx = 0$$

gilt auch unter der schwächeren Voraussetzung, dass $f : [a,b] \to \mathbb{R}$ nur Riemann-integrierbar ist.

Anleitung. Man behandle zunächst den Fall, dass f eine Treppenfunktion ist und führe den allgemeinen Fall durch Approximation darauf zurück.

Aufgabe 19 P. Es seien P_n die Legendre–Polynome

$$P_n(x) := \frac{1}{2^n n!} \frac{d^n}{dx^n} (x^2 - 1)^n,$$

vgl. Aufgabe 16 D. Man beweise mittels partieller Integration:

a) $\int\limits_{-1}^{1} P_n(x)P_m(x)\,dx = 0$ für alle $n,m \in \mathbb{N}$ mit $n \neq m$.

b) $\int\limits_{-1}^{1} P_n(x)^2\,dx = \dfrac{2}{2n+1}$ für alle $n \in \mathbb{N}$.

Aufgabe 19 Q. Es sei n eine natürliche Zahl. Man beweise die folgenden Aussagen:

a) Jedes Polynom f vom Grad $\leq n$ läßt sich wie folgt als Linearkombination der Legendre–Polynome P_k darstellen:

$$f(x) = \sum_{k=0}^{n} c_k P_k(x),$$

wobei für $k \in \{0,\ldots,n\}$

$$c_k = \frac{2n+1}{2} \int\limits_{-1}^{1} f(x)P_k(x)\,dx.$$

b) Für jedes Polynom g vom Grad $< n$ gilt

$$\int\limits_{-1}^{1} g(x)P_n(x)\,dx = 0.$$

Aufgabe 19 R. Sei $N \geq 1$ eine vorgegebene natürliche Zahl und $x_1,\ldots,x_N \in \mathbb{R}$ seien die Nullstellen des Legendre–Polynoms P_N. (Die Existenz ist nach Aufgabe 16 D gesichert.)

a) Man zeige: Ist f ein Polynom vom Grad $\leq (2N-1)$ mit

$$f(x_n) = 0 \quad \text{für } n = 1,\ldots,N,$$

so gilt

$$\int\limits_{-1}^{1} f(x)\,dx = 0.$$

b) Sei L_n das Legendre–Interpolationspolynom

$$L_n(x) := \prod_{\substack{k=1 \\ k \neq n}}^{N} \frac{x - x_k}{x_n - x_k}$$

und

$$\gamma_n := \int\limits_{-1}^{1} L_n(x)\,dx.$$

Man zeige: Für jedes Polynom f vom Grad $\leqslant (2N-1)$ gilt

$$\int\limits_{-1}^{1} f(x)\,dx = \sum_{n=1}^{N} \gamma_n f(x_n)$$

(Gaußsche Quadraturformel).

c) Man berechne die γ_n und x_n für die Fälle $N = 1, 2, 3$.

Aufgabe 19 S. Sei $f : [a, b] \longrightarrow \mathbb{R}$ eine zweimal stetig differenzierbare Funktion,

$$M := \sup\{|f''(x)| : a \leqslant x \leqslant b\}.$$

Ferner sei $n > 0$ eine natürliche Zahl, $h := \frac{b-a}{n}$,

$$x_k := a + \left(k - \tfrac{1}{2}\right)h, \quad k = 1, \ldots, n$$

und

$$S_n(f) := \sum_{k=1}^{n} f(x_k)h.$$

Man zeige

$$\left| \int\limits_{a}^{b} f(x)\,dx - S_n(f) \right| \leqslant (b-a)\frac{M}{24}h^2.$$

Aufgabe 19 T*. Man beweise die *Keplersche Faßregel*:

Für jede 4-mal stetig differenzierbare Funktion $f : [-1, 1] \to \mathbb{R}$ gilt

$$\int_{-1}^{1} f(x)\,dx = \frac{1}{3}\big(f(-1) + 4f(0) + f(1)\big) + R.$$

Dabei gilt für den Rest R

$$R = \int_{-1}^{1} f^{(4)}(x)\psi(x)\,dx = -\frac{1}{90}f^{(4)}(\xi) \quad \text{für ein } \xi \in [-1,1]$$

mit der wie folgt definierten Funktion $\psi : \mathbb{R} \to \mathbb{R}$

$$\psi(x) := \tfrac{1}{18}(|x|-1)^3 + \tfrac{1}{24}(|x|-1)^4.$$

§ 20   Uneigentliche Integrale. Die Gamma–Funktion

Aufgabe 20 A. a) Für welche $\alpha \in \mathbb{R}_+$ konvergiert die Reihe

$$\sum_{n=2}^{\infty} \frac{1}{n(\log n)^\alpha}.$$

b) Für welche $\alpha \in \mathbb{R}_+$ konvergiert die Reihe

$$\sum_{n=2}^{\infty} \frac{1}{(\log n)(\log\log n)^\alpha}.$$

Aufgabe 20 B*. Sei $f : [1,\infty[\to \mathbb{R}_+$ eine nicht-negative monoton fallende Funktion. Es werde gesetzt

$$a_n := f(n) \qquad \text{und} \qquad F(x) := \int_1^x f(t)\,dt.$$

Man beweise: Es gibt eine reelle Konstante β mit $0 \leqslant \beta \leqslant a_1$, so dass

$$\lim_{N\to\infty} \left(\sum_{n=1}^{N} a_n - F(N) \right) = \beta.$$

Bemerkung. Es wird nicht vorausgesetzt, dass $\int_1^\infty f(x)\,dx < \infty$ oder $\lim\limits_{x\to\infty} f(x) = 0$.

Aufgabe 20 C*. Für eine ganze Zahl $n \geqslant 1$ sei

$$\lambda(n) := \frac{1}{n} - \log\left(1 + \frac{1}{n}\right).$$

Man zeige:

a) $0 < \lambda(n) \leqslant \dfrac{1}{2n^2}$.

b) Für die Euler-Mascheronische Konstante γ gilt

$$\gamma = \sum_{n=1}^{\infty} \lambda(n).$$

Aufgabe 20 D*. Man beweise die asymptotische Beziehung

$$\frac{1}{2^{2n}} \binom{2n}{n} \sim \frac{1}{\sqrt{\pi n}}.$$

Aufgabe 20 E. Für welche $\alpha, \beta \in \mathbb{R}$ konvergiert das uneigentliche Integral

$$\int_0^{\infty} x^{\alpha} e^{-x^{\beta}} \, dx.$$

Gegebenenfalls berechne man den Wert des Integrals (durch Zurückführung auf die Γ-Funktion).

Aufgabe 20 F*. Man beweise für $x > 0$ die Formel

$$\Gamma\left(\frac{x}{2}\right) \Gamma\left(\frac{x+1}{2}\right) = 2^{1-x} \sqrt{\pi} \, \Gamma(x).$$

Anleitung. Man zeige, dass die Funktion $F(x) := 2^x \Gamma(\frac{x}{2}) \Gamma(\frac{x+1}{2})$ der Funktionalgleichung $xF(x) = F(x+1)$ genügt und logarithmisch konvex ist.

Aufgabe 20 G*. Die *Eulersche Beta-Funktion* ist für $x, y \in \mathbb{R}_+^*$ definiert durch

$$B(x,y) := \int_0^1 t^{x-1}(1-t)^{y-1} dt.$$

a) Man zeige, dass dieses uneigentliche Integral konvergiert.

b) Man beweise: Für festes $y > 0$ ist die Funktion $x \mapsto B(x,y)$ auf $\mathbb{R}_+^*$ logarithmisch konvex und genügt der Funktionalgleichung

$$xB(x,y) = (x+y)B(x+1,y).$$

c) Man beweise die Formel

$$B(x,y) = \frac{\Gamma(x)\Gamma(y)}{\Gamma(x+y)} \quad \text{für alle } x,y > 0.$$

Anleitung. Betrachte (für festes y) die Funktion $x \mapsto B(x,y)\Gamma(x+y)/\Gamma(y)$.

Aufgabe 20 H.

a) Man zeige, dass für jedes $m \in \mathbb{N}$ das folgende uneigentliche Integral existiert und den angegebenen Wert hat.

$$\int_{-1}^{1} \frac{x^{2m}}{\sqrt{1-x^2}}\, dx = \frac{1}{2^{2m}}\binom{2m}{m}\pi.$$

b) Man zeige

$$\int_{-1}^{1} \frac{x^{2m}}{\sqrt{1-x^2}}\, dx = B(m+\tfrac{1}{2}, \tfrac{1}{2}).$$

Aufgabe 20 I*. Man beweise:

a) Für alle $\alpha \in \mathbb{R}$ mit $0 < \alpha < 1$ gilt

$$\int_0^\infty \frac{x^{\alpha-1}}{1+x}\, dx = B(\alpha, 1-\alpha).$$

b) Für jede natürliche Zahl $n \geqslant 2$ gilt

$$\int_0^\infty \frac{dx}{1+x^n} = \frac{1}{n}B\left(\frac{1}{n}, 1-\frac{1}{n}\right).$$

§ 21   Gleichmäßige Konvergenz von Funktionenfolgen

Aufgabe 21 A*. Für $n \geqslant 1$ sei

$$f_n : \mathbb{R}_+ \longrightarrow \mathbb{R}, \qquad f_n(x) := \frac{x}{n^2}e^{-x/n}.$$

Man zeige, dass die Folge (f_n) auf $\mathbb{R}_+$ gleichmäßig gegen 0 konvergiert, aber

$$\lim_{n \to \infty} \int_0^\infty f_n(x)\,dx = 1.$$

Aufgabe 21 B*. Man berechne für $x \in \mathbb{R}$ die Summen der Reihen

$$\sum_{n=1}^\infty \frac{\sin nx}{n^3} \quad \text{und} \quad \sum_{n=1}^\infty \frac{\cos nx}{n^4}.$$

Aufgabe 21 C. Für $|x| < 1$ berechne man die Summen der Reihen

$$\sum_{n=1}^\infty n^2 x^n, \quad \sum_{n=1}^\infty n^3 x^n \quad \text{und} \quad \sum_{n=1}^\infty \frac{x^n}{n}.$$

Aufgabe 21 D*. Sei $f_n : [a,b] \longrightarrow \mathbb{R}$, $n \in \mathbb{N}$, eine Folge stetiger Funktionen auf dem abgeschlossenen Intervall $[a,b] \subset \mathbb{R}$ mit

$$f_n(x) \geqslant f_{n+1}(x) \quad \text{für alle } x \in [a,b] \text{ und } n \in \mathbb{N}.$$

Es gelte $\lim\limits_{n \to \infty} f_n(x) = 0$ für alle $x \in [a,b]$. Man zeige: Die Folge (f_n) konvergiert auf $[a,b]$ gleichmäßig gegen 0.

Aufgabe 21 E*. Seien $[a,b]$ und $[A,B]$ kompakte Intervalle in $\mathbb{R}$ und sei

$$f_n : [a,b] \longrightarrow [A,B] \subset \mathbb{R}, \quad n \in \mathbb{N},$$

eine Folge stetiger Funktionen, die gleichmäßig gegen eine Funktion $F : [a,b] \to \mathbb{R}$ konvergiert. Weiter sei $\varphi : [A,B] \to \mathbb{R}$ eine stetige Funktion. Man zeige: Die Folge der Funktionen

$$g_n := \varphi \circ f_n : [a,b] \to \mathbb{R}, \quad n \in \mathbb{N},$$

konvergiert gleichmäßig gegen die Funktion $G := \varphi \circ F$.

Aufgabe 21 F. Sei $(a_n)_{n \geqslant 1}$ eine Folge reeller Zahlen. Die Reihe

$$f(x) = \sum_{n=1}^\infty \frac{a_n}{n^x}$$

konvergiere für ein $x_0 \in \mathbb{R}$. Man zeige: Die Reihe konvergiert gleichmäßig auf dem Intervall $[x_0, \infty[$.

Aufgabe 21 G*. Man beweise die Formel

$$\int_0^1 \frac{dx}{x^x} = \sum_{n=1}^{\infty} \frac{1}{n^n}.$$

Anleitung. Man entwickle den Integranden $x^{-x} = e^{-x \log x}$ in eine Reihe.

§ 22 Taylor–Reihen

Aufgabe 22 A*. Man bestimme die Taylor–Reihe der Funktion $x \longmapsto x^{\alpha}$ mit Entwicklungspunkt $a \in \mathbb{R}_+^*$.

Aufgabe 22 B. Man bestimme die Taylor–Reihen der Funktionen sin und cos mit einem beliebigen Entwicklungspunkt $a \in \mathbb{R}$.

Aufgabe 22 C*. Man berechne den Anfang der Taylor–Reihe der Funktion $f :]-2, 2[\to \mathbb{R}$,

$$f(x) := \frac{\sin x}{2 + x},$$

mit Entwicklungspunkt 0 bis einschließlich des Gliedes 5. Ordnung.

Aufgabe 22 D. Durch Integration der Taylor–Reihe der Ableitung von

$$\arcsin :]-1, 1[\longrightarrow \mathbb{R}$$

bestimme man die Taylor–Reihe der Funktion arcsin mit Entwicklungspunkt 0.

Aufgabe 22 E*. Sei p eine natürliche Zahl mit $1 \leqslant p \leqslant n + 1$. Man beweise für das Restglied R_{n+1} der Taylorschen Formel (An. 1, §22, Satz 1): Es gibt ein ξ zwischen a und x, so dass

$$R_{n+1}(x) = \frac{f^{(n+1)}(\xi)}{p \cdot n!} (x - \xi)^{n+1-p} (x - a)^p.$$

(Dies ist das sogenannte Schlömilchsche Restglied.)

Aufgabe 22 F. Für einen reellen Parameter k mit $|k| < 1$ heißt

$$E(k) := \int\limits_0^{\pi/2} \frac{dt}{\sqrt{1 - k^2 \sin^2 t}}$$

vollständiges elliptisches Integral 1. Gattung. Man entwickle $E(k)$ als Funktion von k in eine Taylor–Reihe, indem man

$$\frac{1}{\sqrt{1 - k^2 \sin^2 t}}$$

durch die Binomische Reihe darstelle.

Aufgabe 22 G*. Man beweise die Funktionalgleichung des Arcus–Tangens: Für $x, y \in \mathbb{R}$ mit $|\arctan x + \arctan y| < \frac{\pi}{2}$ gilt

$$\arctan x + \arctan y = \arctan \frac{x + y}{1 - xy}.$$

Man folgere hieraus die „Machinsche Formel"

$$\frac{\pi}{4} = 4 \arctan \frac{1}{5} - \arctan \frac{1}{239}$$

und die Reihenentwicklung

$$\frac{\pi}{4} = \frac{4}{5} \sum_{k=0}^{\infty} \frac{(-1)^k}{2k+1} \left(\frac{1}{5} \right)^{2k} - \frac{1}{239} \sum_{k=0}^{\infty} \frac{(-1)^k}{2k+1} \left(\frac{1}{239} \right)^{2k}.$$

Welche Glieder muss man berücksichtigen, um π mit einer Genauigkeit von 10^{-12} zu berechnen?

Aufgabe 22 H. Man zeige

$$\log 3 = 2 \log \frac{3}{2} + \log \frac{4}{3} = 2 \log \frac{1 + 1/5}{1 - 1/5} + \log \frac{1 + 1/7}{1 - 1/7}$$

und benütze diese Identität, um eine schnell konvergierende Reihe für $\log 3$ abzuleiten. Man gebe geeignete Restglied–Abschätzungen für die Berechnung von $\log 3$ auf 10 (100, 1000, ...) Dezimalstellen.

Aufgabe 22 I*. Man zeige: Die Taylor-Entwicklung der Funktion $\frac{1}{\cos x}$ um den Nullpunkt hat die Gestalt

$$\frac{1}{\cos x} = \sum_{k=0}^{\infty} \frac{E_{2k}}{(2k)!} x^{2k}$$

mit positiven ganzen Zahlen E_{2k}.

Man berechne $E_0, E_2, E_4, \ldots, E_{10}$.

§ 23   Fourier–Reihen

Aufgabe 23 A. Man berechne die Fourier–Reihe der periodischen Funktion $f : \mathbb{R} \longrightarrow \mathbb{R}$ mit

$$f(x) = |x| \qquad \text{für } -\pi \leqslant x \leqslant \pi.$$

Aufgabe 23 B*. Man berechne die Fourier–Reihe der Funktion

$$f(x) = |\sin x|.$$

Aufgabe 23 C. Man beweise: Ist $f : \mathbb{R} \longrightarrow \mathbb{R}$ eine gerade (bzw. ungerade) periodische Funktion, so hat die Fourier–Reihe von f die Gestalt

$$\frac{a_0}{2} + \sum_{k=1}^{\infty} a_k \cos kx \qquad \left(\text{bzw. } \sum_{k=1}^{\infty} b_k \sin kx \right).$$

Aufgabe 23 D.

a) Man zeige: Jede stetige periodische Funktion $f : \mathbb{R} \longrightarrow \mathbb{R}$ läßt sich gleichmäßig durch stetige, stückweise lineare periodische Funktionen approximieren. Dabei heißt eine stetige periodische Funktion $\varphi : \mathbb{R} \longrightarrow \mathbb{R}$ stückweise linear, wenn es eine Unterteilung

$$0 = t_0 < t_1 < \ldots < t_r = 2\pi$$

von $[0, 2\pi]$ und Konstanten α_j, β_j gibt, so dass für $j = 1, \ldots, r$ gilt

$$\varphi(x) = \alpha_j x + \beta_j \qquad \text{für } t_{j-1} \leqslant x \leqslant t_j.$$

b) Man beweise mit Teil a) und An. 1, §23, Satz 3, dass sich jede stetige periodische Funktion $f : \mathbb{R} \longrightarrow \mathbb{C}$ gleichmäßig durch trigonometrische Polynome approximieren läßt (Weierstraßscher Approximationssatz für periodische Funktionen).

Aufgabe 23 E*. Sei $f : \mathbb{R} \to \mathbb{C}$ eine stetige periodische Funktion mit Fourier-Koeffizienten c_n, $n \in \mathbb{Z}$. Man beweise:

a) Ist f k-mal stetig differenzierbar, so folgt

$$c_n = O\left(\frac{1}{|n|^k}\right) \quad \text{für } |n| \to \infty.$$

b) Falls

$$c_n = O\left(\frac{1}{|n|^{k+2}}\right) \quad \text{für } |n| \to \infty,$$

so ist f k-mal stetig differenzierbar und die Fourier-Reihe konvergiert gleichmäßig gegen f.

Aufgabe 23 F. Die periodische (nicht notwendig stetige) Funktion $f : \mathbb{R} \to \mathbb{C}$ sei stückweise stetig differenzierbar, d.h. es gebe eine Unterteilung

$$0 = t_0 < t_1 < \ldots < t_{r-1} < t_r = 2\pi,$$

so dass sich die Funktionen $f \mid {]t_{j-1}, t_j[}$ zu stetig differenzierbaren Funktionen $f_j : [t_{j-1}, t_j] \to \mathbb{C}$ fortsetzen lassen ($j = 1, \ldots, r$). Es seien

$$f_+(t_j) := \lim_{t \searrow t_j} f(t) \quad \text{und} \quad f_-(t_j) := \lim_{t \nearrow t_j} f(t)$$

die rechts- bzw. linksseitigen Grenzwerte von f an den Stellen t_j und

$$\gamma_j := f_+(t_j) - f_-(t_j)$$

die Sprunghöhen von f an diesen Stellen. Man beweise:

a) Die Funktion $F : \mathbb{R} \to \mathbb{C}$,

$$F(t) := f(t) - \sum_{j=1}^{r} \frac{\gamma_j}{\pi} \sigma(t - t_j),$$

wobei $\sigma : \mathbb{R} \to \mathbb{R}$ die in An. 1, Beispiel (23.1) betrachtete Funktion ist, ist stetig und stückweise stetig differenzierbar.

b) Die Fourier-Reihe von f konvergiert auf jedem kompakten Intervall $[a,b] \subset \mathbb{R}$, das keine Unstetigkeitsstelle von f enthält, gleichmäßig gegen f. An den Stellen t_j konvergiert die Fourier-Reihe von f gegen den Mittelwert

$$\tfrac{1}{2}(f_+(t_j) + f_-(t_j)).$$

Aufgabe 23 G*. Sei $a \in \mathbb{R} \smallsetminus \mathbb{Z}$ und $f : \mathbb{R} \to \mathbb{C}$ die periodische Funktion mit

$$f(x) = e^{iax} \text{ für } 0 \leqslant x < 2\pi, \quad f(x + 2\pi n) = f(x), \quad (n \in \mathbb{Z}).$$

Man berechne die Fourier-Reihe von f und bestimme ihr Konvergenzverhalten (vgl. die vorige Aufgabe).

Was ergibt sich für $x = 0$?

Aufgabe 23 H*. In dieser Aufgabe werden die Bernoulli-Polynome aus An. 1, Beispiel (23.3) benutzt.

Man zeige:

a) Sei $f : [0,1] \to \mathbb{R}$ eine stetig differenzierbare Funktion. Dann gilt

$$\tfrac{1}{2}(f(0) + f(1)) = \int_0^1 f(x)dx + \int_0^1 B_1(x)f'(x)dx.$$

b) Ist $f : [0,1] \to \mathbb{R}$ sogar $2r$-mal stetig differenzierbar ($r \geqslant 1$), so gilt

$$\int_0^1 B_1(x)f'(x)dx = \sum_{j=1}^{r} \frac{B_{2j}}{(2j)!}\left(f^{(2j-1)}(1) - f^{(2j-1)}(0)\right)$$
$$- \int_0^1 \frac{B_{2r}(x)}{(2r)!}f^{(2r)}(x)dx.$$

c) Seien $m < n$ ganze Zahlen und $f : [m,n] \to \mathbb{R}$ eine $2r$-mal stetig differenzierbare Funktion. Dann gilt die *Euler-MacLaurinsche* Summationsformel

$$\sum_{k=m}^{n} f(k) = \tfrac{1}{2}(f(m) + f(n)) + \int_m^n f(x)dx$$
$$+ \sum_{j=1}^{r} \frac{B_{2j}}{(2j)!}\left(f^{(2j-1)}(n) - f^{(2j-1)}(m)\right) + R_{2r}$$

mit

$$R_{2r} = -\int_m^n \frac{\widetilde{B}_{2r}(x)}{(2r)!} f^{(2r)}(x)\,dx \quad \text{und} \quad |R_{2r}| \leqslant \frac{|B_{2r}|}{(2r)!} \int_m^n |f^{(2r)}(x)|\,dx.$$

Aufgabe 23 I. Zur Berechnung der Euler-Mascheronischen Konstanten

$$\gamma = \lim_{N \to \infty} \left(\sum_{n=1}^N \frac{1}{n} - \log N \right)$$

werte man für $M \geqslant 1$ und $r \geqslant 1$ den Limes

$$\lim_{N \to \infty} \left(\sum_{n=M}^N \frac{1}{n} - \int_M^N \frac{dx}{x} \right)$$

mithilfe der Euler-MacLaurinschen Summationsformel aus und beweise die Näherungs-Formel

$$\gamma = \left(\sum_{k=1}^M \frac{1}{k} - \log M \right) - \frac{1}{2M} + \sum_{j=1}^{r-1} \frac{B_{2j}}{2j} \cdot \frac{1}{M^{2j}} + \theta \cdot \left(\frac{B_{2r}}{2r} \cdot \frac{1}{M^{2r}} \right)$$

mit $0 \leqslant \theta \leqslant 1$.

i) Durch geeignete Wahl von M und r berechne man γ auf 50 Dezimalstellen genau.

ii) Für jedes feste $M \geqslant 1$ gilt $\lim_{r \to \infty} \left(\frac{B_{2r}}{2r} \cdot \frac{1}{M^{2r}} \right) = \infty$.

iii) Wie kann man M und r wählen, um γ auf 1000 Dezimalstellen genau zu berechnen?

Teil II

Lösungen

§ 1 Vollständige Induktion

Aufgabe 1 A. Wir halten k fest und beweisen die Behauptung durch vollständige Induktion nach $n \geqslant k$.

Induktionsanfang: $n = k$.

Es gilt

$$\sum_{m=k}^{k} \binom{m}{k} = \binom{k}{k} = 1 = \binom{k+1}{k+1}.$$

Induktionsschritt: $n \to n+1$.

Es gelte die Behauptung für ein beliebiges $n \in \mathbb{N}$ mit $n \geqslant k$, dann ist

$$\binom{n+2}{k+1} = \sum_{m=k}^{n+1} \binom{m}{k}$$

zu bestätigen. Nun gilt nach Induktionsvoraussetzung (IV)

$$\begin{aligned}
\sum_{m=k}^{n+1} \binom{m}{k} &= \sum_{m=k}^{n} \binom{m}{k} + \binom{n+1}{k} \\
&\overset{(IV)}{=} \binom{n+1}{k+1} + \binom{n+1}{k} \\
&= \binom{n+2}{k+1},
\end{aligned}$$

wobei im letzten Schritt An. 1, §1, Hilfssatz zu Satz 4 verwendet wurde. Damit ist die Induktionsbehauptung bewiesen.

Aufgabe 1 C. Die Aufgabe erinnert etwas an den Binomischen Lehrsatz (An. 1, §1, Satz 5). Man kann diese Analogie noch stärker sichtbar machen, indem man folgendes Symbol einführt: Für eine reelle Zahl x und eine natürliche Zahl n sei

$$x^{[n]} := \prod_{j=1}^{n} (x - j + 1) = x(x-1) \cdot \ldots \cdot (x - n + 1)$$

die *fallende Fakultät von x mit n Faktoren* (oder auch *verallgemeinerte Potenz von x*). Damit wird dann

$$\binom{x+y}{n} = \frac{1}{n!} (x+y)^{[n]},$$

$$\binom{x}{n-k}\binom{y}{k} = \frac{1}{(n-k)!\,k!}x^{[n-k]}y^{[k]}.$$

Wegen $\binom{n}{k} = \frac{n!}{(n-k)!\,k!}$ ist deshalb die Behauptung der Aufgabe gleichbedeutend mit

(1) $$(x+y)^{[n]} = \sum_{k=0}^{n}\binom{n}{k}x^{[n-k]}y^{[k]}.$$

Diese Formel kann jetzt in völliger Analogie zum Binomischen Lehrsatz durch vollständige Induktion nach n bewiesen werden.

Induktionsanfang: $n = 0$.

Klar, beide Seiten der Gleichung (1) haben den Wert 1.

Induktionsschritt: $n \longrightarrow n+1$.

$$(x+y)^{[n+1]} = (x+y)^{[n]}(x+y-n)$$

$$\stackrel{\text{(IV)}}{=} \sum_{k=0}^{n}\left\{\binom{n}{k}x^{[n-k]}y^{[k]}\right\}\{(x-n+k)+(y-k)\}$$

$$= \sum_{k=0}^{n}\binom{n}{k}x^{[n+1-k]}y^{[k]} + \sum_{k=0}^{n}\binom{n}{k}x^{[n-k]}y^{[k+1]}$$

$$= \left(x^{[n+1]} + \sum_{k=1}^{n}\binom{n}{k}x^{[n+1-k]}y^{[k]}\right) + \left(\sum_{k=0}^{n-1}\binom{n}{k}x^{[n-k]}y^{[k+1]} + y^{[n+1]}\right)$$

$$= x^{[n+1]} + \sum_{k=1}^{n}\binom{n}{k}x^{[n+1-k]}y^{[k]} + \sum_{k=1}^{n}\binom{n}{k-1}x^{[n+1-k]}y^{[k]} + y^{[n+1]}$$

$$= x^{[n+1]} + \sum_{k=1}^{n}\left\{\binom{n}{k} + \binom{n}{k-1}\right\}x^{[n+1-k]}y^{[k]} + y^{[n+1]}$$

$$= \sum_{k=0}^{n+1}\binom{n+1}{k}x^{[n+1-k]}y^{[k]}.$$

Bemerkung: Setzt man in der Formel für x und y natürliche Zahlen N und M ein, so besitzt die Formel

(2) $$\binom{N+M}{n} = \sum_{k=0}^{n}\binom{N}{n-k}\binom{M}{k}$$

eine kombinatorische Interpretation und einen entsprechenden Beweis. Wir denken uns eine $(N+M)$–elementige Menge

$$S = \{A_1, \ldots, A_N, B_1, \ldots, B_M\},$$

die aus zwei Sorten von Elementen besteht. Die Anzahl aller n–elementigen Teilmengen von S ist nach An. 1, §1, Satz 4, gleich $\binom{N+M}{n}$. Die n–elementigen Teilmengen von S zerfallen in $n+1$ Klassen $K_0, \ldots, K_n$: Die Klasse K_k besteht aus denjenigen Teilmengen von S, die $n-k$ Elemente aus $\{A_1, \ldots, A_N\}$ und k Elemente aus $\{B_1, \ldots, B_M\}$ enthalten. Deshalb ist die Anzahl der Teilmengen der Klasse K_k gleich

$$\binom{N}{n-k}\binom{M}{k}$$

und durch Aufsummieren ergibt sich die Formel (2).

Aufgabe 1 G. Setzt man im Binomischen Lehrsatz

$$\sum_{k=0}^{n}\binom{n}{k}x^{n-k}y^k = (x+y)^n$$

speziell $x = 1$ und $y = -1$, erhält man für $n \geqslant 1$

$$\sum_{k=0}^{n}(-1)^k\binom{n}{k} = 0^n = 0.$$

Dies lässt sich auch schreiben als

$$\sum_{\substack{0 \leqslant k \leqslant n \\ k \text{ gerade}}}\binom{n}{k} = \sum_{\substack{0 \leqslant k \leqslant n \\ k \text{ ungerade}}}\binom{n}{k}.$$

Da $\binom{n}{k}$ die Zahl der k-elementigen Teilmengen einer n-elementigen Menge M_n angibt, folgt also, dass es genau so viele Teilmengen mit einer geraden Anzahl von Elementen gibt wie Teilmengen mit einer ungeraden Anzahl von Elementen.

Bemerkung: Ist n ungerade, so lässt sich dies auch einfach so einsehen: Ordnet man jeder geradzahligen Teilmenge $T \subset M_n$ ihr Komplement $T^c := M_n \setminus T$ zu, so erhält man eine bijektive Beziehung zwischen der Menge aller geradzahligen Teilmengen und der Menge aller ungeradzahligen Teilmengen.

Aufgabe 1 H. Wir zeigen b), a), c) und e).

b) Da $\ell \geqslant 1$, kann man schreiben

$$\binom{2^n}{\ell} = \frac{2^n \cdot (2^n - 1) \cdot \ldots (2^n - \ell + 1)}{\ell!}$$

$$= \frac{2^n}{\ell} \cdot \frac{(2^n - 1) \cdot \ldots (2^n - \ell + 1)}{(\ell - 1)!} = \frac{2^n}{\ell} \cdot \binom{2^n - 1}{\ell - 1}.$$

Wir zerlegen ℓ als $\ell = 2^m u$ mit einer ungeraden Zahl u. Da $\ell < 2^n$, folgt $m < n$. Es gilt damit

$$\binom{2^n}{\ell} = \frac{2^{n-m}}{u} \cdot \binom{2^n - 1}{\ell - 1} \quad \Longrightarrow \quad u \cdot \binom{2^n}{\ell} = 2^{n-m} \cdot \binom{2^n - 1}{\ell - 1}.$$

Wäre $\binom{2^n}{\ell}$ ungerade, würde die linke Seite der letzten Gleichung eine ungerade Zahl sein. Die rechte Seite ist aber eine gerade Zahl, Widerspruch! Also ist $\binom{2^n}{\ell}$ gerade, q.e.d.

a) Wir zeigen durch Induktion nach ℓ, dass $\binom{2^n - 1}{\ell}$ für $0 \leqslant \ell \leqslant 2^n - 1$ ungerade ist.

Der *Induktions-Anfang* $\ell = 0$ ist trivial, da $\binom{2^n - 1}{0} = 1$.

Induktions-Schritt $\ell - 1 \to \ell$, $(1 \leqslant \ell \leqslant 2^n - 1)$. Es gilt

$$\binom{2^n - 1}{\ell - 1} + \binom{2^n - 1}{\ell} = \binom{2^n}{\ell} \quad \Longrightarrow \quad \binom{2^n - 1}{\ell} = \binom{2^n}{\ell} - \binom{2^n - 1}{\ell - 1}.$$

Da $\binom{2^n}{\ell}$ nach Teil b) gerade und $\binom{2^n - 1}{\ell - 1}$ nach Induktions-Voraussetzung ungerade ist folgt, dass $\binom{2^n - 1}{\ell}$ ungerade ist.

c) Wir zeigen jetzt durch Induktion nach ℓ, dass $\binom{2^n + \ell}{\ell}$ für $0 \leqslant \ell \leqslant 2^n - 1$ ungerade ist.

Der *Induktions-Anfang* $\ell = 0$ ist trivial, da $\binom{2^n}{0} = 1$.

Induktions-Schritt $\ell - 1 \to \ell$, $(1 \leqslant \ell \leqslant 2^n - 1)$. Es gilt

$$\binom{2^n + \ell}{\ell} = \frac{(2^n + \ell)(2^n + \ell - 1) \cdot \ldots \cdot (2^n + 1)}{\ell!}$$

$$= \frac{(2^n + \ell)}{\ell} \cdot \frac{(2^n + \ell - 1) \cdot \ldots \cdot (2^n + 1)}{(\ell - 1)!}$$

$$= \frac{(2^n + \ell)}{\ell} \cdot \binom{2^n + \ell - 1}{\ell - 1}.$$

Behauptung. $\dfrac{(2^n + \ell)}{\ell} = \dfrac{r}{s}$ mit ungeraden Zahlen r, s.

Beweis hierfür. Wir zerlegen ℓ als $\ell = 2^m s$ mit einer ungeraden Zahl s. Da $\ell < 2^n$, folgt $m < n$. Es folgt $2^n + \ell = 2^m(2^{n-m} + s) = 2^m r$, mit $r := 2^{n-m} + s$ ungerade. Daraus folgt die Behauptung.

Setzen wir die gerade bewiesene Gleichung oben ein, erhalten wir

$$s \binom{2^n + \ell}{\ell} = r \binom{2^n + \ell - 1}{\ell - 1}.$$

Die rechte Seite ist nach Induktions-Voraussetzung ungerade. Deshalb ist auch $\binom{2^n + \ell}{\ell}$ ungerade, q.e.d.

e) Es ist zu zeigen, dass die ganzen Zahlen

$$A := \binom{k}{\ell} \quad \text{und} \quad B := \binom{2^n - 1 - \ell}{k - \ell}$$

gleiche Parität haben, d.h. beide gerade oder beide ungerade sind. Dazu formen wir etwas um:

$$A = \binom{k}{\ell} = \binom{k}{k - \ell} = \frac{1}{(k - \ell)!} \prod_{m=\ell+1}^{k} m$$

und

$$B = \binom{2^n - 1 - \ell}{k - \ell} = \frac{1}{(k - \ell)!} \prod_{m=\ell+1}^{k} (2^n - m).$$

Die Behauptung folgt jetzt daraus, dass die Produkte

$$\prod_{m=\ell+1}^{k} m \quad \text{und} \quad \prod_{m=\ell+1}^{k} (2^n - m)$$

dieselbe Zweierpotenz enthalten. Dies sieht man so: Wir schreiben $m = 2^v u$ mit einer ungeraden Zahl u. Da $m \leqslant k < 2^n$, folgt $v < n$. Damit ist

$$2^n - m = 2^v(2^{n-v} - u) = 2^v u'$$

mit der ungeraden Zahl $u' := 2^{n-v} - u$, q.e.d.

Aufgabe 1 J. Die Zahl $\binom{n+k-1}{k}$ ist gleich der Anzahl aller k–elementigen Teilmengen einer Menge von $N := n + k - 1$ Elementen. Die Beweisidee besteht darin, die Behauptung auf diese bekannte Aussage zurückzuführen.

Die Anzahl aller k–elementigen Teilmengen einer N–elementigen Menge ist gleich der Anzahl aller k–Tupel $(b_1, \ldots, b_k) \in \mathbb{N}^k$ mit

$$(1) \qquad\qquad 1 \leqslant b_1 < b_2 < \ldots < b_k \leqslant N = n + k - 1.$$

Jedem solchen k–Tupel ordnen wir ein k–Tupel $(a_1, \ldots, a_k) \in \mathbb{N}^k$ durch die Vorschrift $a_j := b_j - j + 1$ für alle $j \in \{1, \ldots, k\}$ zu. Dies erfüllt dann die Bedingung

$$(2) \qquad\qquad 1 \leqslant a_1 \leqslant a_2 \leqslant \ldots \leqslant a_k \leqslant n.$$

Umgekehrt entsteht jedes k–Tupel $(a_1, \ldots, a_k) \in \mathbb{N}^k$, das der Bedingung (2) genügt, auf diese Weise aus genau einem k–Tupel $(b_1, \ldots, b_k) \in \mathbb{N}^k$, das der Bedingung (1) genügt. Deshalb ist auch die Anzahl aller k–Tupel $(a_1, \ldots, a_k) \in \mathbb{N}^k$ mit (2) gleich

$$\binom{N}{k} = \binom{n+k-1}{k}.$$

Aufgabe 1 L. Wir bezeichnen die linke bzw. rechte Seite der zu beweisenden Gleichung mit

$$LS(N) = \sum_{n=1}^{2N} \frac{(-1)^{n-1}}{n},$$

$$RS(N) = \sum_{n=1}^{N} \frac{1}{N+n} = \sum_{n=N+1}^{2N} \frac{1}{n}.$$

Wir beweisen die Gleichheit durch vollständige Induktion nach N.

Der *Induktionsanfang* $N = 0$ ist klar, da $LS(0) = 0$ und $RS(0) = 0$.

Induktionsschritt $N \to N + 1$. Wir berechnen jeweils die Differenzen

$$LS(N+1) - LS(N) = \frac{1}{2N+1} - \frac{1}{2N+2}$$

und

$$RS(N+1) - RS(N) = \frac{1}{2N+2} + \frac{1}{2N+1} - \frac{1}{N+1}$$

$$= \frac{1}{2N+1} - \frac{1}{2N+2}.$$

Da diese Diiferenzen gleich sind, und nach Induktions-Voraussetzung $LS(N) = RS(N)$, folgt $LS(N+1) = RS(N+1)$, q.e.d.

Aufgabe 1 P. Wir setzen zur Abkürzung $S(n) := \sum_{k=1}^{n} (2k-1)^2$. Es gilt

$$S(0) = 0, \quad S(1) = 1, \quad S(2) = 1^2 + 3^2 = 10, \quad S(3) = 1^2 + 3^2 + 5^2 = 35.$$

Da über Quadrate summiert wird, ist es naheliegend zu vermuten, dass $S(n)$ durch ein Polynom 3-ten Grades in n dargestellt wird. Wir machen daher den Ansatz

$$S(n) = c_3 n^3 + c_2 n^2 + c_1 n + c_0$$

und versuchen die Koeffizienten c_i so zu bestimmen, dass die Formel für $n = 0, 1, 2, 3$ richtig ist. Für $n = 0$ erhält man die Bedingung $c_0 = 0$. Für $n = 1, 2, 3$ ergibt sich das Gleichungs-System

$$
\begin{aligned}
1 &= c_3 + c_2 + c_1, \\
10 &= 8c_3 + 4c_2 + 2c_1, \\
35 &= 27c_3 + 9c_2 + 3c_1.
\end{aligned}
$$

Dies Gleichungs-System ist leicht durch Elimination zu lösen, man erhält

$$c_1 = -\frac{1}{3}, \quad c_2 = 0, \quad c_3 = \frac{4}{3}.$$

Die vermutete Formel ist also

$$S(n) = \sum_{k=1}^{n} (2k-1)^2 = \frac{4}{3} n^3 - \frac{1}{3} n = \frac{(4n^2 - 1)n}{3};$$

sie gilt für $n = 0, 1, 2, 3$.

Für allgemeines n beweisen wir sie jetzt durch vollständige Induktion.

Induktions-Schritt: $n \to n + 1$.

$$
\begin{aligned}
S(n+1) &= S(n) + (2n+1)^2 = \tfrac{1}{3}(4n^2 - 1)n + 4n^2 + 4n + 1 \\
&= \tfrac{1}{3}(4n^3 - n + 12n^2 + 12n + 3) \\
&= \tfrac{1}{3}\left(4(n+1)^3 - (n+1)\right), \quad \text{q.e.d.}
\end{aligned}
$$

Bemerkung. Das Polynom für $S(n)$ lässt sich wie folgt umformen:

$$\frac{(4n^2-1)n}{3} = \frac{(2n+1)\cdot 2n \cdot (2n-1)}{6} = \binom{2n+1}{3}.$$

Daher kann man die bewiesene Formel auch eleganter schreiben als

$$\sum_{k=1}^{n}(2k-1)^2 = \binom{2n+1}{3}.$$

Aufgabe 1 Q. Die Summenformeln für die 0-ten bis 3-ten Potenzen lauten:

$$\sum_{k=1}^{n}k^0 = n, \qquad\qquad \sum_{k=1}^{n}k^1 = \frac{1}{2}n^2 + \frac{1}{2}n,$$

$$\sum_{k=1}^{n}k^2 = \frac{1}{3}n^3 + \frac{1}{2}n^2 + \frac{1}{6}n, \qquad \sum_{k=1}^{n}k^3 = \frac{1}{4}n^4 + \frac{1}{2}n^3 + \frac{1}{4}n^2,$$

vgl. An. 1, §1, Satz 1 und Aufgabe 1 O.

Es ist deshalb nicht verwunderlich, dass auch für die r–ten Potenzen eine Summenformel dieser Art existiert. (Der Koeffizient $\frac{1}{r+1}$ bei n^{r+1} hängt zusammen mit der Integralformel

$$\int x^r\,dx = \frac{1}{r+1}x^{r+1},$$

vgl. Aufgabe 18 B.)

Wir beweisen die allgemeine Formel durch vollständige Induktion nach r.

Induktionsanfang: $r=0$.

Klar, siehe obige Vorbetrachtungen.

Induktionsschritt:

Es sei die Formel bereits bis zur $(r-1)$–ten Potenz bewiesen. Wir gehen aus von der aus dem Binomischen Lehrsatz folgenden Formel

$$\begin{aligned}
(k-1)^{r+1} &= \sum_{s=0}^{r+1}\binom{r+1}{s}(-1)^s k^{r+1-s}\\
&= k^{r+1} - (r+1)k^r + \sum_{s=2}^{r+1}\binom{r+1}{s}(-1)^s k^{r+1-s}.
\end{aligned}$$

Daraus folgt

(1) $$k^{r+1} - (k-1)^{r+1} = (r+1)k^r + \sum_{s=0}^{r-1} b_{rs}k^s,$$

mit

$$b_{rs} := (-1)^{r-s} \binom{r+1}{s},$$

wobei uns aber für den Beweis nicht die genaue Gestalt der b_{rs} interessiert, sondern allein die Tatsache, dass sie nur von r und s abhängige rationale Zahlen sind. Wegen

$$\sum_{k=1}^{n} \left(k^{r+1} - (k-1)^{r+1} \right) = \sum_{k=1}^{n} k^{r+1} - \sum_{k=0}^{n-1} k^{r+1} = n^{r+1}$$

folgt aus (1) durch Aufsummieren

$$n^{r+1} = (r+1) \sum_{k=1}^{n} k^r + \sum_{s=0}^{r-1} b_{rs} \sum_{k=1}^{n} k^s.$$

Auf die Summen $\sum_{k=1}^{n} k^s$ für $s \in \{0, \ldots, r-1\}$ können wir nun die Induktionsvoraussetzung anwenden und erhalten

$$\sum_{s=0}^{r-1} b_{rs} \sum_{k=1}^{n} k^s = \sum_{l=1}^{r} c_{rl} n^l$$

mit rationalen Zahlen c_{rl}. Damit ergibt sich

$$\sum_{k=1}^{n} k^r = \frac{1}{r+1} n^{r+1} - \sum_{l=1}^{r} \frac{c_{rl}}{r+1} n^l,$$

womit die Behauptung bewiesen ist.

Bemerkung 1: Eine andere Beweismöglichkeit besteht darin, von der in Aufgabe 1 A bewiesenen Formel

$$\binom{n+1}{r+1} = \sum_{k=1}^{n} \binom{k}{r}$$

auszugehen. Benutzt man die in der Lösung von Aufgabe 1 C eingeführten verallgemeinerten Potenzen

$$k^{[r]} = k(k-1) \cdot \ldots \cdot (k-r+1),$$

so erhält man

$$\frac{1}{(r+1)!}(n+1)^{[r+1]} = \frac{1}{r!}\sum_{k=1}^{n} k^{[r]}$$

oder

$$\sum_{k=1}^{n} k^{[r]} = \frac{1}{r+1}(n+1)^{[r+1]}.$$

Durch Umrechnung der verallgemeinerten Potenzen in gewöhnliche Potenzen und Anwendung der Induktionsvoraussetzung für niedrigere Potenzen erhält man die Behauptung.

Bemerkung 2: Wir haben hier das Beweisprinzip der vollständigen Induktion in einer etwas anderen Form als in An. 1, §1, Seite 1, verwendet: Es sei n_0 eine ganze Zahl und $B(n)$ für jede ganze Zahl $n \geqslant n_0$ eine Aussage. Um $B(n)$ für alle $n \geqslant n_0$ zu beweisen, genügt es zu zeigen:

(I') $B(n_0)$ ist richtig (Induktionsanfang).

(II') Für beliebiges $n \geqslant n_0$ gilt: Falls $B(m)$ für alle m mit $n_0 \leqslant m < n$ richtig ist, ist auch $B(n)$ richtig (Induktionsschritt).

Dieses Induktionsprinzip kann man wie folgt auf das in An. 1, §1, formulierte Induktionsprinzip zurückführen. Für $n \geqslant n_0$ sei $A(n)$ die folgende Aussage:

$B(m)$ ist richtig für alle m mit $n_0 \leqslant m \leqslant n$.

Dann gilt $A(n_0) = B(n_0)$ und (II') ist äquivalent zur Implikation

$$A(n-1) \Longrightarrow A(n).$$

Aufgabe 1 S. Es mag auf den ersten Blick verblüffen, dass die Behauptung der Aufgabe wahr ist, da man als nicht abergläubischer Mensch annimmt, dass jeder Wochentag gleich häufig ist. Dass jedoch die sieben Wochentage auf den 13. nicht gleichverteilt sein können, kann man sich auf folgende Weise klarmachen:

Der Gregorianische Kalender ist periodisch und wiederholt sich alle 400 Jahre. Nach einer solchen Periode wiederholt sich auch die Verteilung der Wochentage, denn es gilt:

(1)   Die Anzahl der Tage in 400 Jahren ist durch 7 teilbar.

Beweis von (1): Die Anzahl der Tage in einem Nicht–Schaltjahr ist gleich

$$365 = 7 \cdot 52 + 1 = 7k + 1$$

mit einer ganzen Zahl k. In 400 (aufeinanderfolgenden) Jahren gibt es nach dem Gregorianischen Kalender 97 Schaltjahre mit jeweils einen Tag mehr. Deshalb ist die Gesamtzahl N der Tage in 400 Jahren

$$N = 400(7k + 1) + 97 = 400 \cdot 7k + 71 \cdot 7 = 7k'$$

mit einer ganzen Zahl k'.   □

In 400 Jahren gibt es $12 \cdot 400$ Dreizehnte. Diese Zahl ist nicht durch 7 teilbar, also können die 7 Wochentage auf den Dreizehnten nicht gleichverteilt sein. Eine systematische Abzählung ergibt, dass der Freitag für den Dreizehnten der häufigste Wochentag ist. In einer 400–Jahrperiode fällt der 13. insgesamt 688–mal auf einen Freitag, je 687–mal auf einen Sonntag und Mittwoch, je 685–mal auf einen Montag und Dienstag und je 684–mal auf einen Donnerstag und Samstag.

§ 2 Die Körperaxiome

Aufgabe 2 A.

a) Nach Definition (vgl. An. 1, (2.9)) ist die Behauptung

$$\frac{a}{b} = \frac{c}{d}$$

gleichbedeutend mit
(1) $$b^{-1}a = d^{-1}c.$$

Multipliziert man beide Seiten der Gleichung (1) mit bd, erhält man daraus

$$\underbrace{(bd)(b^{-1}a)}_{=:L} = \underbrace{(bd)(d^{-1}c)}_{=:R}.$$

Durch wiederholte Anwendung der Axiome der Multiplikation (II.I) bis (II.4) ergibt sich

$$L = (bd)(b^{-1}a) \overset{(II.2)}{=} (db)(b^{-1}a) \overset{(II.1)}{=} d(b(b^{-1}a)) \overset{(II.1)}{=} d((bb^{-1})a)$$
$$\overset{(II.4)}{=} d(1 \cdot a) \overset{(II.3)}{=} da \overset{(II.2)}{=} ad.$$

Ebenso erhält man

$$R = (bd)(d^{-1}c) = (b(dd^{-1})c) = bc,$$

d.h. aus (1) folgt

(2) $ad = bc.$

Umgekehrt erhält man aus (2) durch Multiplikation mit $d^{-1}b^{-1}$ (d^{-1}, b^{-1} existieren, da nach Voraussetzung $b, d \neq 0$ sind)

$$\underbrace{(d^{-1}b^{-1})(ad)}_{=b^{-1}a} = \underbrace{(d^{-1}b^{-1})(bc)}_{=d^{-1}c}.$$

Also gilt (1) genau dann, wenn (2) gilt.

b) Aus a) folgt

$$\frac{a}{b} = \frac{ad}{bd}, \quad \frac{c}{d} = \frac{bc}{bd},$$

denn $a(bd) = b(ad)$ und $c(bd) = d(bc)$ (aus $b, d \neq 0$ folgt $bd \neq 0$). Also ist

$$\frac{a}{b} \pm \frac{c}{d} = \frac{ad}{bd} \pm \frac{bc}{bd} = (bd)^{-1}(ad) \pm (bd)^{-1}(bc) = (bd)^{-1}(ad \pm bc)$$
$$= \frac{ad \pm bc}{bd}.$$

Dabei wurde benützt, dass

$$x(y - z) = x(y + (-z)) \overset{(III)}{=} xy + x(-z) = xy - xz$$

gilt.

Die Rechenregeln c) und d) werden ähnlich bewiesen.

Aufgabe 2 B. Wir beweisen die Behauptung durch vollständige Induktion nach n.

Induktionsanfang: $n = 1$.

Es ist

$$x_1 \sum_{j=1}^{m} y_j = \sum_{j=1}^{m} x_1 y_j$$

zu zeigen. Dies wiederum zeigen wir durch vollständige Induktion nach m. Der Induktionsanfang ist trivial. Sei die Behauptung für m schon bewiesen, dann folgt mit dem (gewöhnlichen) Distributivgesetz

$$
\begin{aligned}
x_1 \sum_{j=1}^{m+1} y_j &= x_1 \left(\sum_{j=1}^{m} y_j + y_{m+1} \right) \\
&= x_1 \sum_{j=1}^{m} y_j + x_1 y_{m+1} \\
&\stackrel{(IV)}{=} \sum_{j=1}^{m} x_1 y_j + x_1 y_{m+1} \\
&= \sum_{j=1}^{m+1} x_1 y_j .
\end{aligned}
$$

Damit ist der Induktionsanfang bewiesen.

Induktionsschritt: $n \longrightarrow n+1$.

Es gilt

$$
\begin{aligned}
\left(\sum_{i=1}^{n+1} x_i \right) \left(\sum_{j=1}^{m} y_j \right) &= \left(\sum_{i=1}^{n} x_i + x_{n+1} \right) \left(\sum_{j=1}^{m} y_j \right) \\
&= \left(\sum_{i=1}^{n} x_i \right) \left(\sum_{j=1}^{m} y_j \right) + x_{n+1} \left(\sum_{j=1}^{m} y_j \right) \\
&\stackrel{(IV)}{=} \sum_{i=1}^{n} \left(\sum_{j=1}^{m} x_i y_j \right) + \sum_{j=1}^{m} x_{n+1} y_j \\
&= \sum_{i=1}^{n+1} \left(\sum_{j=1}^{m} x_i y_j \right) .
\end{aligned}
$$

Aufgabe 2 C. Die Menge der Indexpaare, über die summiert wird, ist die Dreiecksmenge

$$
\Delta = \{ (i,k) \in \mathbb{N} \times \mathbb{N} : i + k \leqslant n \}.
$$

Die verschiedenen Summen entstehen, indem man Δ auf verschiedene Weisen gemäß Bild 2.1 zerlegt und längs der vertikalen (bzw. horizontalen oder schrägen) Balken aufsummiert. Damit ist anschaulich die Behauptung klar.

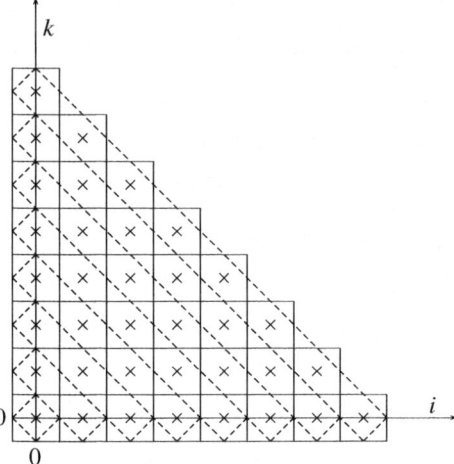

Bild 2.1

Einen formalen Beweis kann man durch vollständige Induktion nach n führen. Wir beweisen nur die Formel

(1)
$$\sum_{k=0}^{n}\sum_{i=0}^{n-k} a_{ik} = \sum_{m=0}^{n}\sum_{k=0}^{m} a_{m-k,k};$$

die Formel

$$\sum_{i=0}^{n}\sum_{k=0}^{n-i} a_{ik} = \sum_{m=0}^{n}\sum_{k=0}^{m} a_{m-k,k},$$

beweist man analog.

Induktionsanfang: $n = 0$.

Trivial, denn beide Seiten der Formel (1) bestehen nur aus dem Term a_{00}.

Induktionsschritt: $n \longrightarrow n+1$.

$$S := \sum_{k=0}^{n+1}\sum_{i=0}^{n+1-k} a_{ik}$$

$$= \sum_{k=0}^{n+1}\left(\sum_{i=0}^{n-k} a_{ik} + a_{n+1-k,k}\right)$$

$$= \sum_{k=0}^{n} \left(\sum_{i=0}^{n-k} a_{ik} + a_{n+1-k,k} \right) + a_{0,n+1},$$

denn $\sum_{i=0}^{n-(n+1)} a_{ik} = 0$ (leere Summe). Unter Anwendung des allgemeinen Kommutativgesetzes ergibt sich weiter

$$\begin{aligned}
S &= \sum_{k=0}^{n} \sum_{i=0}^{n-k} a_{ik} + \sum_{k=0}^{n} a_{n+1-k,k} + a_{0,n+1} \\
&\overset{(IV)}{=} \sum_{m=0}^{n} \sum_{k=0}^{m} a_{m-k,k} + \sum_{k=0}^{n+1} a_{n+1-k,k} \\
&= \sum_{m=0}^{n+1} \sum_{k=0}^{m} a_{m-k,k}.
\end{aligned}$$

Damit ist auch der Induktionsschritt gezeigt.

Aufgabe 2 E.

a) Sei $ad - bc \neq 0$ vorausgesetzt. Falls $c = 0$, ist $d \neq 0$, also $cx + d \neq 0$. Falls $c \neq 0$, ist ebenfalls $cx + d \neq 0$, denn andernfalls wäre $x = -c^{-1}d$ rational im Widerspruch zur Voraussetzung. Die Zahl

$$y := \frac{ax+b}{cx+d}$$

ist also wohldefiniert. Mit

$$u := ax + b, \quad v := cx + d \neq 0$$

erhält man

$$u = vy, \quad du - bv = (ad - bc)x, \quad -cu + av = ad - bc \neq 0,$$

also

$$x = \frac{du - bv}{-cu + av} = \frac{dy - b}{-cy + a}.$$

Wäre y rational, so auch x, im Widerspruch zur Voraussetzung. Also ist y irrational.

b) Sei $ad - bc = 0$. Wir können voraussetzen, dass $cx + d \neq 0$ gilt und haben zu zeigen, dass $y = (ax + b)(cx + d)^{-1}$ rational ist. Ist $c \neq 0$, so folgt $b = \frac{ad}{c}$, also

$$y = \frac{ax + b}{cx + d} = \frac{ax + \frac{ad}{c}}{cx + d} = \frac{a}{c} \in \mathbb{Q}.$$

Ist $c = 0$, so folgt $d \neq 0$ und $a = 0$, also

$$y = \frac{b}{d} \in \mathbb{Q}.$$

Aufgabe 2 F. Wir zeigen als Beispiele nur einige der Körperaxiome.

Existenz des Null– und Einselements. Es ist klar, dass $(0,0)$ das Nullelement darstellt. Das Paar $(1,0)$ ist das Einselement, denn

$$(a,b) \cdot (1,0) = (a \cdot 1 + 2b \cdot 0, a \cdot 0 + b \cdot 1) = (a,b)$$

für alle $(a,b) \in K$.

Existenz des Inversen. Für jedes $(a,b) \in K$ und jedes $\lambda \in \mathbb{Q}$ gilt

$$(a,b) \cdot (\lambda a, -\lambda b) = (\lambda(a^2 - 2b^2), 0).$$

Ist $(a,b) \neq (0,0)$, so ist $a^2 - 2b^2 \neq 0$, denn andernfalls wäre 2 das Quadrat einer rationalen Zahl. Setzt man daher

$$\lambda := (a^2 - 2b^2)^{-1},$$

so ist $(a,b)^{-1} = (\lambda a, -\lambda b)$.

Distributivgesetz. Es gilt

$$
\begin{aligned}
&(a,b)\big((a',b') + (a'',b'')\big) \\
={} &(a,b)(a' + a'', b' + b'') \\
={} &(aa' + aa'' + 2bb' + 2bb'', ab' + ab'' + ba' + ba'') \\
={} &(aa' + 2bb', ab' + ba') + (aa'' + 2bb'', ab'' + ba'') \\
={} &(a,b)(a',b') + (a,b)(a'',b'')
\end{aligned}
$$

für alle $(a,b),(a',b'),(a'',b'') \in K$.

§ 3 Anordnungsaxiome

Aufgabe 3 A. Die Aussage ist richtig für $n = 0, 1, 2$. Wir beweisen sie für $n \geqslant 4$ durch vollständige Induktion nach n.

Induktionsanfang: $n = 4$.

Klar, da

$$4^2 = 16 = 2^4.$$

Induktionsschritt: $n \longrightarrow n + 1$.

Wegen $n \geqslant 4$ gilt $4n \leqslant n^2$, also

$$(n+1)^2 = n^2 + 2n + 1 \leqslant n^2 + \frac{n^2}{2} + 1 \overset{\text{(IV)}}{\leqslant} 2^n + 2^{n-1} + 1$$

$$\leqslant 2^n + 2^{n-1} + 2^{n-1} = 2^{n+1}.$$

Aufgabe 3 C.

a) Seien k, n natürliche Zahlen mit $n \geqslant 1$. Ist $k > n$, so gilt die Gleichung trivialerweise, da dann $\binom{n}{k} = 0$. Ist $k \leqslant n$, so gilt

$$\frac{n!}{(n-k)!} = \prod_{j=n-k+1}^{n} j = \prod_{i=1}^{k} (n-k+i),$$

also

$$\frac{n!}{n^k(n-k)!} = \frac{1}{n^k} \prod_{i=1}^{k} (n-k+i) = \prod_{i=1}^{k} \frac{n-k+i}{n} \leqslant 1.$$

Also erhält man

$$\frac{1}{n^k} \binom{n}{k} = \frac{n!}{n^k(n-k)!\,k!} \leqslant \frac{1}{k!}.$$

b) Nach dem Binomischen Lehrsatz gilt

$$\left(1 + \frac{1}{n}\right)^n = \sum_{k=0}^{n} \binom{n}{k} \frac{1}{n^k} \overset{\text{a)}}{\leqslant} \sum_{k=0}^{n} \frac{1}{k!}.$$

Die Ungleichung

$$\sum_{k=0}^{n} \frac{1}{k!} < 3$$

ist trivial für $n \geqslant 3$, da

$$\sum_{k=0}^{3} \frac{1}{k!} = 1 + 1 + \frac{1}{2} + \frac{1}{6} = 2 + \frac{2}{3} < 3.$$

Sei nun $n \geqslant 4$.

Zusammen mit der Abschätzung $\frac{1}{k!} \leqslant 2^{-k}$ für alle $k \geqslant 4$ aus Aufgabe 3 B erhält man

$$\begin{aligned}
\sum_{k=0}^{n} \frac{1}{k!} &= \sum_{k=0}^{3} \frac{1}{k!} + \sum_{k=4}^{n} \frac{1}{k!} \\
&\leqslant 2 + \frac{2}{3} + \sum_{k=4}^{n} 2^{-k} \\
&= 2 + \frac{2}{3} + 2^{-4} \sum_{k=0}^{n-4} 2^{-k} \\
&= 2 + \frac{2}{3} + 2^{-4} 2 (1 - 2^{-n+3}) \\
&\leqslant 2 + \frac{2}{3} + 2^{-3} < 3.
\end{aligned}$$

Hierbei wurde die Summenformel für die geometrische Reihe benutzt (vgl. An. 1, §1, Satz 6).

c) Die Abschätzung

$$\left(\frac{n}{3}\right)^n \leqslant \frac{1}{3} n!$$

lässt sich mit Hilfe von Teil b) dieser Aufgabe durch vollständige Induktion nach $n \geqslant 1$ beweisen.

Induktionsanfang: $n = 1$. Trivial.

Induktionsschritt: $n \longrightarrow n+1$.

$$\begin{aligned}
\left(\frac{n+1}{3}\right)^{n+1} &= \frac{n+1}{3} \left(\frac{n+1}{3}\right)^n = \frac{n+1}{3} \left(\frac{n}{3}\right)^n \left(1 + \frac{1}{n}\right)^n \\
&\overset{\text{b)}}{<} (n+1) \left(\frac{n}{3}\right)^n \overset{\text{(IV)}}{\leqslant} (n+1) \frac{1}{3} n! = \frac{1}{3} (n+1)!.
\end{aligned}$$

d) Man hat

$$n^{n+1} = n^n \cdot n \qquad \text{und} \qquad (n+1)^n = n^n \cdot \left(1 + \frac{1}{n}\right)^n.$$

Da nach Teil b) dieser Aufgabe $(1 + \frac{1}{n})^n < 3 \leqslant n$ für $n \geqslant 3$, folgt

$$n^{n+1} > (n+1)^n \quad \text{für } n \geqslant 3, \qquad \text{q.e.d.}$$

Bemerkung. Wie die folgende Tabelle zeigt, gilt die Aussage nicht für $n \leqslant 2$.

n	n^{n+1}	$(n+1)^n$
1	1	2
2	8	9
3	81	64
4	1024	625
5	15625	7776

Aufgabe 3 D. Die Lösung ist sehr einfach, wenn man daran denkt, dass jede Quadratzahl nichtnegativ ist. Also

$$(q-1)^2 \geqslant 0 \Longleftrightarrow q^2 - 2q + 1 \geqslant 0 \Longleftrightarrow q^2 + 1 \geqslant 2q \Longleftrightarrow q + \frac{1}{q} \geqslant 2.$$

Wegen $q = 1 \Longleftrightarrow (q-1)^2 = 0$ erhält man die Zusatzaussage der Aufgabe, wenn man in der obigen Rechnung überall das Zeichen „$\geqslant$" durch das Zeichen „$=$"ersetzt.

Aufgabe 3 I. Für $n \geqslant 2$ und $x \geqslant 0$ ist nach dem Binomischen Lehrsatz

$$(1+x)^n = \sum_{k=0}^{n} \binom{n}{k} x^k \geqslant \binom{n}{2} x^2,$$

da alle weggelassenen Summanden nichtnegativ sind. Außerdem gilt

$$\binom{n}{2} \geqslant \frac{n^2}{4},$$

denn

$$\binom{n}{2} = \frac{n(n-1)}{2} \geqslant \frac{n}{2} \cdot \frac{n}{2},$$

da $n - 1 \geqslant \frac{n}{2}$. Also folgt

$$(1+x)^n \geqslant \frac{n^2}{4}x^2.$$

Aufgabe 3 J. Die Lösung dieser Aufgabe ist eine einfache Folgerung aus der Abschätzung in Aufgabe 3 I. Setze $x := b - 1 > 0$. Dann gilt nach Aufgabe 3 I

$$b^n = (1+x)^n \geqslant \frac{n^2}{4}x^2.$$

Nach dem Archimedischen Axiom gibt es eine natürliche Zahl n_0, so dass

$$nx^2 > 4 \quad \text{für alle } n \geqslant n_0.$$

Daraus folgt

$$b^n \geqslant n \cdot \frac{nx^2}{4} > n \quad \text{für alle } n \geqslant n_0.$$

Aufgabe 3 K. Wir zeigen zunächst

(1) $2n^n \leqslant (n+1)^n \quad \text{für alle } n \geqslant 1.$

Aus der Bernoullischen Ungleichung folgt nämlich

$$\left(1 + \frac{1}{n}\right)^n \geqslant 1 + n \cdot \frac{1}{n} = 2.$$

Daraus erhält man

$$\frac{(n+1)^n}{n^n} \geqslant 2,$$

also ist (1) bewiesen.

Wir zeigen jetzt die Ungleichung

$$n! \leqslant 2\left(\frac{n}{2}\right)^n$$

durch vollständige Induktion nach n.

Induktionsanfang: $n = 0, 1$.

Trivial.

Induktionsschritt: $n \longrightarrow n+1$.

$$(n+1)! = n!(n+1) \overset{(IV)}{\leqslant} 2\left(\frac{n}{2}\right)^n (n+1) \overset{(1)}{\leqslant} \frac{1}{2^n}(n+1)^n(n+1)$$

$$= 2\left(\frac{n+1}{2}\right)^{n+1}.$$

Bemerkung. Zusammen mit Aufgabe 3 C c) ergibt sich folgende beidseitige Abschätzung für $n!$

$$3\left(\frac{n}{3}\right)^n \leqslant n! \leqslant 2\left(\frac{n}{2}\right)^n.$$

Aufgabe 3 L. Wir beweisen nur Teil c). Wir unterscheiden 2 Fälle:

1. Fall: n ist ein ganzzahliges Vielfaches von k, d.h. $n = mk$ mit $k \in \mathbb{Z}$. Dann ist

$$\lceil n/k \rceil = \lceil m \rceil = m$$

und $(n+k-1)/k = m + (k-1)/k$, also

$$\lfloor (n+k-1)/k \rfloor = m = \lceil n/k \rceil.$$

2.Fall: n ist kein ganzzahliges Vielfaches von k. Dann gibt es eine ganze Zahl m und eine natürliche Zahl ℓ mit $1 \leqslant \ell \leqslant k-1$, so dass $n = mk + \ell$. Dann ist

$$\lceil n/k \rceil = \lceil m + (\ell/k) \rceil = m+1$$

und $(n+k-1)/k = m + (\ell+k-1)/k = (m+1) + (\ell-1)/k$, also

$$\lfloor (n+k-1)/k \rfloor = m+1 = \lceil n/k \rceil, \quad \text{q.e.d.}$$

§ 4 Folgen, Grenzwerte

Aufgabe 4 A. Für alle natürlichen Zahlen $k \geqslant 1$ gilt

$$a_{k+1} - a_k = \frac{1}{2}(a_k + a_{k-1}) - a_k = \left(-\frac{1}{2}\right)(a_k - a_{k-1}).$$

Daraus folgt durch vollständige Induktion nach k

$$a_{k+1} - a_k = \left(-\frac{1}{2}\right)^k (b-a) \quad \text{für alle } k \in \mathbb{N}.$$

Also gilt für alle $n \geqslant 1$

$$a_n = a_0 + (a_1 - a_0) + (a_2 - a_1) + \ldots + (a_n - a_{n-1})$$

$$= a + \sum_{k=0}^{n-1} (a_{k+1} - a_k)$$

$$= a + \sum_{k=0}^{n-1} \left(-\frac{1}{2}\right)^k (b-a).$$

Da $\sum_{k=0}^{\infty} \left(-\frac{1}{2}\right)^k = \frac{2}{3}$ (geometrische Reihe, An. 1, §4, Beispiel (4.12)), konvergiert die Folge $(a_n)_{n \in \mathbb{N}}$ mit dem Grenzwert

$$\lim_{n \to \infty} a_n = a + \frac{2}{3}(b-a) = \frac{1}{3}(2b+a).$$

Aufgabe 4 C. Für alle $n \geqslant 1$ hat man die Zerlegung

$$\frac{2}{4n^2 - 1} = \frac{2}{(2n-1)(2n+1)} = \frac{1}{2n-1} - \frac{1}{2n+1}.$$

Also ist

$$s_k := \sum_{n=1}^{k} \frac{1}{4n^2 - 1}$$

$$= \frac{1}{2} \left(\sum_{n=1}^{k} \frac{1}{2n-1} - \sum_{n=1}^{k} \frac{1}{2n+1} \right)$$

$$= \frac{1}{2} \left(\sum_{n=0}^{k-1} \frac{1}{2n+1} - \sum_{n=1}^{k} \frac{1}{2n+1} \right)$$

$$= \frac{1}{2} \left(1 - \frac{1}{2k+1} \right).$$

Daher gilt

$$\sum_{n=1}^{\infty} \frac{1}{4n^2 - 1} = \lim_{k \to \infty} s_k = \frac{1}{2}.$$

Aufgabe 4 E.

I) Wir behandeln zunächst den Fall, dass der Grenzwert a der Folge $(a_n)_{n\in\mathbb{N}}$ gleich 0 ist. Sei $\varepsilon > 0$ beliebig gegeben. Dann gibt es ein $M \in \mathbb{N}$, so dass

$$|a_n| < \frac{\varepsilon}{2} \quad \text{für alle } n \geqslant M.$$

Wir setzen

$$c := a_0 + a_1 + \ldots + a_M,$$

dann gilt für alle $n > M$

$$|b_n| = \frac{1}{n+1}|c + a_{M+1} + \ldots + a_n| < \frac{1}{n+1}|c| + \frac{n-M}{n+1} \cdot \frac{\varepsilon}{2}.$$

Sei jetzt $N > M$ so gewählt, dass

$$\frac{1}{N+1}|c| < \frac{\varepsilon}{2}.$$

Dann gilt

$$|b_n| < \frac{\varepsilon}{2} + \frac{\varepsilon}{2} = \varepsilon \quad \text{für alle } n \geqslant N,$$

also konvergiert die Folge $(b_n)_{n\in\mathbb{N}}$ ebenfalls gegen 0.

II) Sei jetzt $a = \lim_{n\to\infty} a_n$ beliebig. Dann können wir auf die Folge $(a'_n)_{n\in\mathbb{N}}$, definiert durch

$$a'_n := a_n - a \quad \text{für alle } n \in \mathbb{N},$$

Teil I) anwenden. Die Folge $(b'_n)_{n\in\mathbb{N}}$,

$$b'_n := \frac{1}{n+1}(a'_0 + \ldots + a'_n) \quad \text{für alle } n \in \mathbb{N},$$

konvergiert daher gegen 0. Da

$$b'_n = \frac{1}{n+1}(a_0 + \ldots a_n - (n+1)a) = b_n - a,$$

folgt

$$\lim_{n\to\infty} b_n = a.$$

Aufgabe 4 G. Da $c = \lim\limits_{n \to \infty} a_n = \lim\limits_{n \to \infty} c_n$ existieren zu vorgegebenen $\varepsilon > 0$ Zahlen $N_1, N_2 \in \mathbb{N}$, so dass

$$|a_n - c| < \varepsilon \quad \text{für alle } n \geqslant N_1,$$
$$|c_n - c| < \varepsilon \quad \text{für alle } n \geqslant N_2.$$

Für $n \geqslant N := \max(N_1, N_2)$ gilt, dass

$$c - \varepsilon < a_n \leqslant b_n \leqslant c_n < c + \varepsilon,$$

d.h. $|c - b_n| < \varepsilon$. Daraus folgt

$$\lim_{n \to \infty} b_n = c.$$

Aufgabe 4 H. Wir benützen die Summenformel

$$\sum_{k=1}^{n} k^2 = \frac{1}{3} n^3 + Q(n),$$

wobei Q ein quadratisches Polynom in n ist. (Genauer gilt

$$Q(n) = \frac{1}{2} n^2 + \frac{1}{6} n,$$

vgl. Aufgabe 1 N; jedoch kommt es hier auf die genaue Gestalt von Q nicht an.) Da

$$\frac{1}{n^3 + n} \sum_{k=1}^{n} k^2 \leqslant \sum_{k=1}^{n} \frac{k^2}{n^3 + k} \leqslant \frac{1}{n^3} \sum_{k=1}^{n} k^2,$$

folgt

$$\frac{1}{3} \left(1 + \frac{1}{n^2} \right)^{-1} + \frac{Q(n)}{n^3 + n} \leqslant a_n \leqslant \frac{1}{3} + \frac{Q(n)}{n^3},$$

wegen

$$\lim_{n \to \infty} \left(1 + \frac{1}{n^2} \right)^{-1} = 1,$$

$$\lim_{n \to \infty} \frac{Q(n)}{n^3 + n} = \lim_{n \to \infty} \frac{Q(n)}{n^3} = 0,$$

folgt aus Aufgabe 4 G

$$\lim_{n \to \infty} a_n = \frac{1}{3}.$$

Aufgabe 4 K.

a) Da jede konvergente Folge beschränkt ist (An. 1, §4, Satz 1), gibt es ein $M \in \mathbb{R}$, so dass

$$|b_n| \leqslant M \quad \text{für alle } n \in \mathbb{N}.$$

Sei $K \in \mathbb{R}$ vorgegeben. Da $\lim\limits_{n \to \infty} a_n = \infty$, gibt es ein $N \in \mathbb{N}$, so dass

$$a_n > K + M \quad \text{für alle } n \geqslant N.$$

Daraus folgt

$$a_n + b_n > K \quad \text{für alle } n \geqslant N,$$

d.h.

$$\lim_{n \to \infty}(a_n + b_n) = \infty.$$

b) Sei $b = \lim\limits_{n \to \infty} b_n > 0$. Dann gibt es ein $N_1 \in \mathbb{N}$, so dass

$$b_n > \frac{b}{2} \quad \text{für alle } n \geqslant N_1.$$

Sei $C \in \mathbb{R}$ vorgegeben. Dann existiert ein $N_2 \in \mathbb{N}$, so dass

$$a_n > \frac{2C}{b} \quad \text{für alle } n \geqslant N_2.$$

Für $n \geqslant N := \max(N_1, N_2)$ gilt dann

$$a_n b_n > \frac{2C}{b} \cdot \frac{b}{2} = C.$$

Daraus folgt

$$\lim_{n \to \infty}(a_n b_n) = \infty.$$

Der Fall $b < 0$ wird analog bewiesen.

Aufgabe 4 L. Es gibt für alle Fälle natürlich viele Beispiele. Eine mögliche Wahl ist die folgende:

a) $a_n = 4^n$, $b_n = 2^{-n}$; $a_n b_n = 2^n$,

b) $a_n = 4^n$, $b_n = -2^{-n}$; $a_n b_n = -2^n$,

c) $a_n = 2^n$, $b_n = 2^{-n}c$; $a_n b_n = c$,

d) $a_n = 2^n$, $b_n = (-2)^{-n}$; $a_n b_n = (-1)^n$.

§ 5   Das Vollständigkeitsaxiom

Aufgabe 5 A. Nach An. 1, §5 kann man eine reelle Zahl x, $0 < x < 1$, wie folgt in einen b–adischen Bruch

$$x = \sum_{k=1}^{\infty} a_k b^{-k}$$

entwickeln: a_1 ist die größte ganze Zahl, so dass

$$a_1 b^{-1} \leqslant x.$$

Seien $a_1, \ldots, a_{k-1}$ schon bestimmt. Dann ist a_k die größte ganze Zahl, so dass

$$a_k b^{-k} \leqslant x - (a_1 b^{-1} + \ldots + a_{k-1} b^{-k+1}).$$

Diese Ungleichung ist äquivalent zu

$$a_k \leqslant x b^k - a_1 b^{k-1} - \ldots - a_{k-1} b =: y_k.$$

Man erhält so folgenden Algorithmus zur Bestimmung der a_k:

$$y_1 := xb, \quad a_1 := \lfloor y_1 \rfloor$$
$$y_{k+1} := (y_k - a_k)b$$
$$a_{k+1} := \lfloor y_{k+1} \rfloor.$$

Dabei bezeichnet $\lfloor y \rfloor$ die größte ganze Zahl $\leqslant y$, vgl. An. 1, §3, (3.15).

Der Algorithmus zeigt, dass für eine rationale Zahl x die b–adische Entwicklung periodisch wird: Sei etwa $x = \frac{m}{n}$ mit ganzen Zahlen $0 < m < n$. Durch vollständige Induktion über k zeigt man dann, dass

$$y_k = \frac{p_k}{n}, \; p_k \in \mathbb{Z} \text{ mit } 0 \leqslant p_k < nb.$$

Deshalb gibt es nur endlich viele Möglichkeiten für y_k. Also gibt es positive ganze Zahlen r und s, so dass

$$y_{r+s} = y_r.$$

Daraus folgt

$$a_{k+s} = a_k \quad \text{für alle } k \geqslant r.$$

Sei jetzt speziell $x = \frac{1}{7}$.

a) Für die Basis $b = 7$ ist trivialerweise $a_1 = 1$ und $a_k = 0$ für alle $k \geqslant 2$, die 7–adische Entwicklung bricht also ab.

b) Für $b = 2$ erhält man

k	1	2	3	4	$\cdots$
y_k	$\frac{2}{7}$	$\frac{4}{7}$	$\frac{8}{7}$	$\frac{2}{7}$	$\cdots$
a_k	0	0	1	0	$\cdots$

Da $y_1 = y_4$, wird die Entwicklung (rein) periodisch mit der Periode 3,

$$\frac{1}{7} = 0.^{(2)}001\,001\ldots = \sum_{k=1}^{\infty} \frac{1}{2^{3k}}.$$

c) Der Fall der Basis 16 kann auf den Fall der Basis 2 zurückgeführt werden, da $2^4 = 16$. Dazu teilt man die 2–adische Entwicklung in 4er Gruppen auf:

$$0.^{(2)} \underbrace{0010}_{2} \underbrace{0100}_{4} \underbrace{1001}_{9} \underbrace{0010}_{2} \ldots$$
$$= 0.^{(16)} \quad 2 \quad\;\; 4 \quad\;\; 9 \quad\;\; 2 \quad \ldots,$$

denn $2 = 2^1$, $4 = 2^2$, $9 = 2^3 + 1$, also

$$2 \cdot 16^{-1} = 2 \cdot 2^{-4} = 2^{-3},$$
$$4 \cdot 16^{-2} = 4 \cdot 2^{-8} = 2^{-6},$$
$$9 \cdot 16^{-3} = 9 \cdot 2^{-12} = 2^{-9} + 2^{-12},$$
u.s.w.

d) Für $b = 10$ erhält man mit

k	1	2	3	4	5	6	7	$\cdots$
y_k	$\frac{10}{7}$	$\frac{30}{7}$	$\frac{20}{7}$	$\frac{60}{7}$	$\frac{40}{7}$	$\frac{50}{7}$	$\frac{10}{7}$	$\cdots$
a_k	1	4	2	8	5	7	1	$\cdots$

den wohlbekannten Dezimalbruch

$$\frac{1}{7} = 0.142857\,142857\ldots$$

Aufgabe 5 D. Es seien

$$x = \sum_{n=1}^{\infty} a_n 10^{-n} = \sum_{n=1}^{\infty} b_n 10^{-n}$$

zwei verschiedene Dezimaldarstellungen von x. Dann können wir

$$k := \min\{i \in \mathbb{N} \smallsetminus \{0\} : a_i \neq b_i\}$$

bilden. O.B.d.A. sei $a_k > b_k$, sonst vertausche man die Rollen der a_i und b_i. Wir setzen nun

$$\xi := \sum_{n=1}^{k} b_n 10^{-n},$$

dann gilt

$$0 \leqslant x - \xi = \sum_{n=k+1}^{\infty} b_n 10^{-n}$$

und

$$x - \xi = (a_k - b_k) 10^{-k} + \sum_{n=k+1}^{\infty} a_n 10^{-n}.$$

Aus der ersten Darstellung von $x - \xi$ folgt

$$x - \xi \leqslant \sum_{n=k+1}^{\infty} 9 \cdot 10^{-n} = 10^{-k},$$

wobei $x - \xi = 10^{-k}$ genau dann, wenn $b_n = 9$ für alle $n \geqslant k+1$. Aus der zweiten Darstellung von $x - \xi$ folgt

$$x - \xi \geqslant (a_k - b_k) 10^{-k} \geqslant 10^{-k},$$

wobei $x - \xi = (a_k - b_k) 10^{-k}$ genau dann, wenn $a_n = 0$ für alle $n \geqslant k+1$. Beide Ungleichungen können nur dann gleichzeitig gelten, falls $x - \xi = 10^{-k}$, also

$$a_k = b_k + 1$$

und

$$\begin{cases} a_n = 0 & \text{für alle } n \geqslant k+1, \\ b_n = 9 & \text{für alle } n \geqslant k+1. \end{cases}$$

Aufgabe 5 E. Sei $\varepsilon > 0$ vorgegeben. Dann existiert ein $N \in \mathbb{N}$, so dass

$$2^{-N+1} < \varepsilon.$$

Für alle $n \geqslant N$ und $k \in \mathbb{N}$ gilt dann

$$x_{n+k} - x_n = \sum_{i=0}^{k-1} (x_{n+i+1} - x_{n+i}),$$

also

$$\begin{aligned}
|x_{n+k} - x_n| &\leqslant \sum_{i=0}^{k-1} |x_{n+i+1} - x_{n+i}| \\
&\leqslant \sum_{i=0}^{k-1} 2^{-n-i} \\
&\leqslant 2^{-n} \sum_{i=0}^{\infty} 2^{-i} = 2^{-n+1} < \varepsilon.
\end{aligned}$$

Aufgabe 5 F. Wir geben zwei Beweise:

1. Beweis:

I) Die Folge $(a_n)_{n \in \mathbb{N}}$ sei unbeschränkt, etwa unbeschränkt nach oben. Dann kann eine monoton wachsende Teilfolge $(a_{n_k})_{k \in \mathbb{N}}$ von $(a_n)_{n \in \mathbb{N}}$ wie folgt konstruiert werden: Wir setzen $n_0 := 0$. Sind

$$n_0 < n_1 < \ldots < n_k$$

mit

$$a_{n_0} \leqslant a_{n_1} \leqslant \ldots \leqslant a_{n_k}$$

schon bestimmt, so gibt es wegen der Unbeschränktheit der Folge $(a_n)_{n \in \mathbb{N}}$ ein $n_{k+1} > n_k$ mit

$$a_{n_{k+1}} \geqslant a_{n_k}.$$

II) Ist die Folge $(a_n)_{n \in \mathbb{N}}$ beschränkt, so besitzt sie nach dem Satz von Bolzano–Weierstraß eine Teilfolge $(a_{n_k})_{k \in \mathbb{N}}$ von $(a_n)_{n \in \mathbb{N}}$, die gegen eine reelle Zahl a konvergiert. Falls für unendlich viele $n \in \mathbb{N}$ gilt $a_n = a$, gibt es eine konstante, also monotone Teilfolge, die gegen a konvergiert. Andernfalls gibt es ein $N_0 \in \mathbb{N}$, so dass $a_n \neq a$ für alle $n \geqslant N_0$. Die Folge $(b_{N_0}, b_{N_0+1}, \ldots)$, definiert durch

$$b_n := \frac{1}{a_n - a}, \; n \geqslant N_0,$$

ist unbeschränkt, besitzt also nach Teil I) eine monotone Teilfolge $(b_{n_k})_{k \in \mathbb{N}}$
Nach Weglassen endlich vieler Glieder $b_{n_0}, b_{n_1}, \ldots, b_{n_{k_0-1}}$ haben alle b_{n_k}
einheitliches Vorzeichen. Daraus folgt, dass die Folge $\left(a_{n_{k_0}}, a_{n_{k_0+1}}, \ldots\right)$,

$$a_{n_k} = a + \frac{1}{b_{n_k}}, \ k \geqslant k_0,$$

ebenfalls monoton ist. Da die Folge $\left(a_{n_{k_0}}, a_{n_{k_0+1}}, \ldots\right)$ nach Konstruktion
eine Teilfolge von $(a_n)_{n \in \mathbb{N}}$ ist, ist die Behauptung bewiesen.

2. *Beweis:* Wir geben jetzt noch einen zweiten Beweis an, der nicht den Satz
von Bolzano–Weierstraß benützt. Sei dazu

$$M := \{m \in \mathbb{N} \ : \ a_m \geqslant a_{m+k} \text{ für alle } k \in \mathbb{N}\}.$$

Nun gibt es zwei Möglichkeiten:

I) M ist unendlich, d.h.

$$M = \{m_0, m_1, m_2, \ldots\}$$

mit

$$m_0 < m_1 < m_2 < \ldots.$$

Dann ist $(a_{m_k})_{k \in \mathbb{N}}$ eine monoton fallende Teilfolge von $(a_n)_{n \in \mathbb{N}}$.

II) M ist endlich (oder leer). Wir konstruieren nun induktiv eine streng mo-
noton wachsende Teilfolge $(a_{n_k})_{k \in \mathbb{N}}$ von $(a_n)_{n \in \mathbb{N}}$ auf folgende Weise:
Sei $n_0 \in \mathbb{N}$ eine natürliche Zahl, die größer als alle $m \in M$ ist. Sind
$n_0 < n_1 < \ldots < n_k$ mit

$$a_{n_0} < a_{n_1} < \ldots < a_{n_k}$$

schon gewählt, so gibt es wegen $n_k \notin M$ ein $n_{k+1} > n_k$ mit

$$a_{n_k} < a_{n_{k+1}}.$$

Aufgabe 5 G. Sei $K > 0$ vorgegeben. Dann gibt es nur endlich viele Folgenglieder $a_n \leqslant K$, denn andernfalls gäbe es eine beschränkte Teilfolge, die
nach dem Satz von Bolzano–Weierstraß wiederum eine konvergente Teilfolge
besäße. Daher gibt es ein $N \in \mathbb{N}$, so dass

$$a_n > K \quad \text{für alle } n \geqslant N.$$

Aufgabe 5 I.

I) Sei zunächst x rational, etwa

$$x = \frac{p}{q} \quad \text{mit } p \in \mathbb{Z},\ q \in \mathbb{N} \smallsetminus \{0\}.$$

Dann haben alle Folgenglieder die Gestalt

$$a_n(x) = \frac{s_n}{q},\ s_n \in \mathbb{N},\ 0 \leqslant s_n < q.$$

Daher nehmen die Folgenglieder nur endlich viele Werte an; die Folge kann also nur endlich viele Häufungspunkte besitzen.

II) Sei jetzt x irrational. Dann sind alle $a_n(x)$ untereinander verschieden, denn aus

$$a_n(x) = a_m(x) \quad \text{für } n \neq m$$

folgt

$$(n - m)x \in \mathbb{Z},\ \text{d.h. } x \in \mathbb{Q}.$$

Wir zeigen nun: Ist $\varepsilon > 0$ beliebig, so gibt es zu jedem $a \in \mathbb{R}$ mit $0 \leqslant a \leqslant 1$ und jedem $N \in \mathbb{N}$ ein $n \in \mathbb{N}$ mit $n \geqslant N$ und $|a - a_n(x)| < \varepsilon$. Dies ist zunächst für $|x| < \varepsilon$ erfüllt, wie man sich leicht überlegt. Ist x beliebig, so hat die Folge $(a_n(x))_{n \in \mathbb{N}}$ nach dem Satz von Bolzano–Weierstraß eine konvergente Teilfolge, es gibt also natürliche Zahlen n und $k > 0$, so dass

$$|a_{n+k}(x) - a_n(x)| < \varepsilon.$$

Sei $\xi := a_{n+k}(x) - a_n(x)$. Aus der Definition von $a_n(x)$ folgt nun

$$kx = N + \xi \quad \text{mit } N \in \mathbb{Z}$$

woraus

$$a_{m \cdot k}(x) = a_m(\xi).$$

folgt. Da $|\xi| < \varepsilon$, folgt aus obiger Vorbemerkung, dass ein $n \in \mathbb{N}$, $n \geqslant N$ existiert mit

$$|a - a_n(x)| < \varepsilon.$$

Da $\varepsilon > 0$ beliebig war, läßt sich nun für jedes $a \in \mathbb{R}$ mit $0 \leqslant a \leqslant 1$ eine Teilfolge von $(a_n(x))_{n \in \mathbb{N}}$ konstruieren, die gegen a konvergiert.

Aufgabe 5 J. Wir behandeln hier nur die Fälle $n = 1, -1$, d.h. wir bestimmen die Darstellungen der Zahlen $x = 10$ und $y = \frac{1}{10}$.

1) $x = 10$. Es ist
$$10 = 2^3 + 2^1,$$
also
$$10 = 2^3 \cdot (1 + 2^{-2}).$$

Für die IEEE-Darstellung
$$x = (-1)^s 2^{e-1023} \left(1 + \sum_{\mu=1}^{52} a_\mu 2^{-\mu} \right)$$

ist daher $s = 0$,
$$e = 1026 = 2^{10} + 2^1 = \sum_{\nu=0}^{10} e_\nu 2^\nu$$

mit
$$(e_{10}, e_9, \ldots, e_0) = (1, 0, 0, 0, 0, 0, 0, 0, 0, 1, 0)$$
und
$$(a_1, a_2, a_3, \ldots, a_{52}) = (0, 1, 0, 0, \ldots, 0).$$

Die Zahl $x = 10$ wird exakt dargestellt.

2) $y = \frac{1}{10}$.

Durch Multiplikation mit einer Zweierpotenz muss y zunächst in das Intervall $[1, 2[$ verschoben werden. Es ist
$$\frac{1}{10} = 2^{-4} \cdot \frac{16}{10} = 2^{-4} \left(1 + \frac{3}{5} \right).$$

Das Vorzeichenbit ist $s = 0$, der Exponent e ergibt sich aus der Gleichung
$$-4 = e - 1023 \quad \Longrightarrow \quad e = 1019 = \sum_{\nu=0}^{10} e_\nu 2^\nu$$

mit
$$(e_{10}, e_9, \ldots, e_0) = (0, 1, 1, 1, 1, 1, 1, 1, 0, 1, 1).$$

Die Bits $(a_1, a_2, \ldots, a_{52})$ ergeben sich aus der Binär-Entwicklung (= 2-adischen Entwicklung) von $\frac{3}{5}$. Dazu verwenden wird das gleiche Schema wie in Aufgabe 5 A.

k	1	2	3	4	5	6	$\cdots$
y_k	$\frac{6}{5}$	$\frac{2}{5}$	$\frac{4}{5}$	$\frac{8}{5}$	$\frac{6}{5}$	$\frac{2}{5}$	$\cdots$
a_k	1	0	0	1	1	0	$\cdots$

Wir erhalten also den periodischen 2-adischen Bruch

$$\frac{3}{5} = 0.^{(2)}1001\,\overline{1001}$$

Für die 64-Bit IEEE-Darstellung muss noch gerundet werden; die Bits $a_1, \ldots, a_{52}$ ergeben sich zu

$$(a_{4k+1}, a_{4k+2}, a_{4k+3}, a_{4k+4}) = (1,0,0,1) \quad \text{für } k = 0, 1, \ldots, 11,$$
$$(a_{49}, a_{50}, a_{51}, a_{52}) = (1,0,1,0).$$

Die gesamte Bitfolge $(s, e_{10}, \ldots, e_1, e_0, a_1, a_2, \ldots, a_{52})$ der 64-Bit IEEE-Darstellung der Zahl $y = \frac{1}{10}$ lautet daher

00111111 10111001 10011001 10011001 10011001 10011001 10011001 10011010

oder, wenn man jeweils 4 Bits zusammenfasst, in hexadezimaler Schreibweise

3FB9 9999 9999 999A

Die Zahl $y = \frac{1}{10}$ wird nicht exakt dargestellt, der Wert der dargestellten Zahl ist

$$\tilde{y} = 2^{-4}\left(1 + \sum_{k=1}^{13} \frac{9}{16^k} + \frac{1}{16^{13}}\right).$$

Da

$$\sum_{k=1}^{13} \frac{9}{16^k} = \frac{9}{16} \cdot \frac{1 - (1/16)^{13}}{1 - 1/16} = \frac{3}{5}\left(1 - \frac{1}{2^{52}}\right),$$

folgt

$$\tilde{y} = \frac{1}{16}\left(1 + \frac{3}{5} - \frac{3}{5} \cdot \frac{1}{2^{52}} + \frac{1}{2^{52}}\right) = \frac{1}{16}\left(\frac{8}{5} + \frac{2}{5} \cdot \frac{1}{2^{52}}\right) = \frac{1}{10}\left(1 + \frac{1}{2^{54}}\right).$$

Der relative Fehler ist also $2^{-54} \approx 5.55 \cdot 10^{-17}$.

§ 6   Wurzeln

Aufgabe 6 A. Setzt man $x_n = \sqrt[3]{a}(1 + f_n)$ in die Rekusionsformel

$$x_{n+1} := \frac{1}{3}\left(2x_n + \frac{a}{x_n^2}\right)$$

ein, so erhält man nach Kürzung durch $\sqrt[3]{a}$

$$1 + f_{n+1} = \frac{1}{3}\left(2(1 + f_n) + \frac{1}{(1 + f_n)^2}\right) = \frac{2(1 + f_n)^3 + 1}{3(1 + f_n)^2},$$

also

$$\begin{aligned}
f_{n+1} &= \frac{2(1 + f_n)^3 + 1 - 3(1 + f_n)^2}{3(1 + f_n)^2} = \frac{3f_n^2 + 2f_n^3}{3(1 + f_n)^2} \\
&= f_n^2 \frac{1 + \frac{2}{3}f_n}{(1 + f_n)^2}.
\end{aligned}$$

Dies ist die gesuchte Rekusionsformel für die Folge (f_n).

Da nach Definition $f_0 > -1$, folgt $f_n \geqslant 0$ für alle $n \geqslant 1$. Daraus folgt

$$1 + \tfrac{2}{3}f_n \leqslant (1 + f_n)^2,$$

also

$$f_{n+1} \leqslant f_n^2, \quad \text{q.e.d.}$$

Aufgabe 6 C.

(1) Wir zeigen zunächst durch Induktion nach n, dass $a_n \leqslant a_{n+1}$ für alle $n \in \mathbb{N}$.

Induktionsanfang: $n = 0$.

Trivial, da

$$1 = a_0 < a_1 = \sqrt{2}.$$

Induktionsschritt: $(n - 1) \longrightarrow n$.

Sei $a_{n-1} \leqslant a_n$ schon bewiesen. Daraus folgt

$$1 + a_{n-1} \leqslant 1 + a_n$$

und daraus

$$a_n = \sqrt{1+a_{n-1}} \leqslant \sqrt{1+a_n} = a_{n+1},$$

wie man durch Quadrieren sieht.

(2) Ebenfalls durch Induktion zeigt man $a_n \leqslant 2$ für alle $n \in \mathbb{N}$, denn $\sqrt{1+2} \leqslant 2$.

Aus (1) und (2) ergibt sich, dass die Folge $(a_n)_{n \in \mathbb{N}}$ gegen eine reelle Zahl $a \geqslant 1$ konvergiert. Da

$$a_{n+1}^2 = 1 + a_n,$$

gilt für den Grenzwert

$$a^2 = 1 + a,$$

also

$$\left(a - \frac{1}{2}\right)^2 = \frac{5}{4}.$$

Da $\left(a - \frac{1}{2}\right) > 0$, folgt

$$a - \frac{1}{2} = \frac{\sqrt{5}}{2},$$

d.h.

$$a = \frac{1 + \sqrt{5}}{2}.$$

Aufgabe 6 D. Wir setzen $x_n := \frac{a_{n+1}}{a_n}$. Es gilt $x_n \geqslant 1$ für alle $n \in \mathbb{N}$. Aus der Rekursionsformel

$$a_{n+2} = a_{n+1} + a_n$$

folgt

$$x_{n+1} = 1 + \frac{1}{x_n}.$$

Daraus ergibt sich

$$x_{n+2} = 1 + \frac{1}{1 + \frac{1}{x_n}} = 1 + \frac{x_n}{1 + x_n}.$$

Da

$$\frac{x}{1+x} \leqslant \frac{x'}{1+x'} \quad \text{für alle } x, x' \in \mathbb{R} \text{ mit } 0 < x \leqslant x',$$

ergibt sich durch vollständige Induktion

$$x_{2k} \leqslant x_{2k+2} \leqslant 2 \quad \text{für alle } k \in \mathbb{N}.$$

Deshalb konvergiert die Folge $(x_{2k})_{k \in \mathbb{N}}$ gegen eine reelle Zahl $x \geqslant 1$ mit

$$x = 1 + \frac{x}{1+x},$$

d.h. $x^2 - 1 = x$. Daraus folgt $x = \frac{1+\sqrt{5}}{2}$, vgl. Aufgabe 6 C. Wegen

$$x_{2k+1} = 1 + \frac{1}{x_{2k}}$$

ergibt sich

$$\lim_{k \to \infty} x_{2k+1} = 1 + \frac{1}{x} = \frac{x+1}{x} = \frac{x^2}{x} = x.$$

Da die beiden Folgen $(x_{2k})_{k \in \mathbb{N}}$ und $(x_{2k+1})_{k \in \mathbb{N}}$ gegen denselben Grenzwert x konvergieren, gilt

$$\lim_{n \to \infty} \frac{a_{n+1}}{a_n} = \lim_{n \to \infty} x_n = x = \frac{1+\sqrt{5}}{2}.$$

Aufgabe 6 E. Wir überlegen uns zunächst allgemein, dass aus $0 \leqslant x \leqslant y$ folgt

$$x \leqslant \sqrt{xy} \leqslant \frac{1}{2}(x+y) \leqslant y.$$

Die erste Ungleichung folgt aus $x^2 \leqslant xy$, die zweite Ungleichung aus

$$0 \leqslant (x-y)^2 = (x+y)^2 - 4xy$$

und die dritte Ungleichung aus $x + y \leqslant 2y$. Damit gilt für alle $n \geqslant 1$

$$a_n \leqslant b_n \quad \text{und} \quad a_n \leqslant a_{n+1} \leqslant b_{n+1} \leqslant b_n.$$

Nach An. 1, §5, Satz 5, existieren

$$a^* := \lim_{n \to \infty} a_n \quad \text{und} \quad b^* := \lim_{n \to \infty} b_n.$$

Wegen $b_{n+1} = \frac{1}{2}(a_n + b_n)$ folgt

$$b^* = \frac{1}{2}(a^* + b^*),$$

d.h. $a^* = b^*$.

Aufgabe 6 F. Für $n = 1$ ist die zu beweisende Ungleichung trivial. Für $n \geqslant 2$ verwenden wir Aufgabe 3 I und erhalten

$$\left(1 + \frac{2}{\sqrt{n}}\right)^n \geqslant \frac{n^2}{4}\left(\frac{2}{\sqrt{n}}\right)^2 = n,$$

woraus

$$1 + \frac{2}{\sqrt{n}} \geqslant \sqrt[n]{n}$$

folgt.

Aufgabe 6 G. Da

$$1 \leqslant \sqrt[n]{n} \leqslant 1 + \frac{2}{\sqrt{n}},$$

genügt es zu zeigen, dass

$$\lim_{n \to \infty} \frac{1}{\sqrt{n}} = 0.$$

Sei $\varepsilon > 0$ vorgegeben und $N \in \mathbb{N}$ eine natürliche Zahl mit $N > \frac{1}{\varepsilon^2}$. Dann gilt für alle $n \geqslant N$

$$n > \frac{1}{\varepsilon^2}, \text{ also } \sqrt{n} > \frac{1}{\varepsilon},$$

d.h.

$$\left|\frac{1}{\sqrt{n}}\right| < \varepsilon.$$

Aufgabe 6 J. Wir beweisen hier nur b). Sei

$$\varepsilon_n := \sqrt[3]{n + \sqrt[3]{n^2}} - \sqrt[3]{n}, \quad \text{also} \quad \sqrt[3]{n + \sqrt[3]{n^2}} = \sqrt[3]{n} + \varepsilon_n.$$

Es ist zu beweisen $\lim_{n \to \infty} \varepsilon_n = \frac{1}{3}$. Erheben wir die letzte Gleichung in die 3. Potenz, erhalten wir

$$n + \sqrt[3]{n^2} = n + 3\varepsilon_n \sqrt[3]{n^2} + 3\varepsilon_n^2 \sqrt[3]{n} + \varepsilon_n^3.$$

Daraus folgt für $n > 0$

$$1 = 3\varepsilon_n + 3\varepsilon_n^2 \frac{1}{\sqrt[3]{n}} + \varepsilon_n^3 \frac{1}{\sqrt[3]{n^2}}.$$

Da $\varepsilon_n \geqslant 0$, erhält man die Abschätzung $\varepsilon_n \leqslant 1/3$ für alle $n > 0$, also wegen $\lim\limits_{n\to\infty} \sqrt[3]{n} = \infty$

$$\lim_{n\to\infty}\left(3\varepsilon_n^2 \frac{1}{\sqrt[3]{n}} + \varepsilon_n^3 \frac{1}{\sqrt[3]{n^2}}\right) = 0.$$

Daraus folgt schließlich $\lim\limits_{n\to\infty}\varepsilon_n = 1/3$, q.e.d.

Aufgabe 6 K. Da $\lim\limits_{n\to\infty}\sqrt{n} = \infty$, ist $(\sqrt{n})_{n\in\mathbb{N}}$ keine Cauchy–Folge. Wir zeigen jetzt, dass es für die Folge

$$a_n := \sqrt{n}$$

zu jedem $\varepsilon > 0$ und jedem $k \in \mathbb{N}$ ein $N \in \mathbb{N}$ gibt, so dass

$$|a_n - a_{n+k}| < \varepsilon \quad \text{für alle } n \geqslant N.$$

Seien $\varepsilon > 0$ und $k \in \mathbb{N}$ beliebig vorgegeben. Wir wählen $N \in \mathbb{N}$ so, dass $N > \left(\frac{k}{2\varepsilon}\right)^2$. Dann gilt für alle $n \geqslant N$

$$\begin{aligned}
|a_n - a_{n+k}| &= \sqrt{n+k} - \sqrt{n} \\
&= \frac{(\sqrt{n+k} - \sqrt{n})(\sqrt{n+k} + \sqrt{n})}{\sqrt{n+k} + \sqrt{n}} \\
&= \frac{k}{\sqrt{n+k} + \sqrt{n}} \leqslant \frac{k}{2\sqrt{n}} \leqslant \frac{k}{2\sqrt{N}} < \varepsilon.
\end{aligned}$$

Bemerkung: Die Definition der Cauchy–Folge (siehe An. 1, §5) ist zu folgender äquivalent:

Eine Folge $(a_n)_{n\in\mathbb{N}}$ reeller Zahlen ist eine Cauchy–Folge, wenn gilt: Zu jedem $\varepsilon > 0$ existiert ein $N \in \mathbb{N}$, so dass

$$|a_n - a_{n+k}| < \varepsilon \quad \text{für alle } n \geqslant N \text{ und alle } k \in \mathbb{N}.$$

Der Unterschied zu der in der Aufgabe angegebenen Bedingung ist der, dass für eine Cauchy–Folge $(a_n)_{n\in\mathbb{N}}$ die Zahl N nur von ε, aber nicht von k abhängen darf (was bei der Folge $(\sqrt{n})_{n\in\mathbb{N}}$ nicht möglich ist.) Den formalen Unterschied der beiden Bedingungen sieht man am besten bei Verwendung der logischen Quantoren „$\forall$" (Allquantor) und „$\exists$" (Existenzquantor). Ist $P(x)$ eine Aussage über x, so bedeutet $\forall x : P(x)$, dass $P(x)$ für alle x gilt und $\exists x : P(x)$, dass ein x existiert mit $P(x)$. Die obige Definition der Cauchy–Folge lässt sich nun so schreiben:

$(a_n)_{n\in\mathbb{N}}$ ist genau dann eine Cauchy–Folge, wenn

$$\forall \varepsilon > 0 \; \exists N \in \mathbb{N} \; \forall n \geqslant N \; \forall k \in \mathbb{N} : (|a_n - a_{n+k}| < \varepsilon).$$

Die in der Aufgabe angegebene Bedingung lautet dagegen

$$\forall \varepsilon > 0 \; \forall k \in \mathbb{N} \; \exists N \in \mathbb{N} \; \forall n \geqslant N : (|a_n - a_{n+k}| < \varepsilon).$$

Man sieht daran, dass man die Reihenfolge der Existenz– und Allquantoren nicht beliebig vertauschen darf.

§ 7 Konvergenzkriterien für Reihen

Aufgabe 7 A.

a) Die Reihe $\sum_{n=1}^{\infty} \frac{n!}{n^n}$ konvergiert nach dem Quotientenkriterium. Denn mit $a_n := \frac{n!}{n^n}$ gilt für alle $n \geqslant 1$

$$\left| \frac{a_{n+1}}{a_n} \right| = \frac{(n+1)! \, n^n}{n! \, (n+1)^{n+1}} = \frac{(n+1) n^n}{(n+1)^{n+1}} = \left(\frac{n}{n+1} \right)^n = \frac{1}{\left(1 + \frac{1}{n}\right)^n}$$

$$\leqslant \frac{1}{2} =: \theta < 1$$

(Bernoullische Ungleichung).

b) Die Reihe $\sum_{n=0}^{\infty} \frac{n^4}{3^n}$ konvergiert ebenfalls nach dem Quotientenkriterium. Denn mit $a_n := \frac{n^4}{3^n}$ gilt für alle $n \geqslant 4$

$$\left| \frac{a_{n+1}}{a_n} \right| = \frac{(n+1)^4 3^n}{3^{n+1} n^4} = \frac{1}{3} \left(1 + \frac{1}{n} \right)^4 \leqslant \frac{1}{3} \left(\frac{5}{4} \right)^4 =: \theta < 1.$$

c) Die Reihe $\sum_{n=0}^{\infty} \frac{n+4}{n^2 - 3n + 1}$ divergiert. Denn für alle $n \geqslant 3$ gilt

$$a_n = \frac{n+4}{n^2 - 3n + 1} = \frac{1 + \frac{4}{n}}{n - 3 + \frac{1}{n}} > \frac{1}{n}.$$

d) Auf $\sum_{n=1}^{\infty} \frac{(n+1)^{n-1}}{(-n)^n}$ wenden wir das Leibnizsche Konvergenzkriterium an. Es ist

$$\frac{(n+1)^{n-1}}{(-n)^n} = (-1)^n a_n$$

mit

$$a_n = \frac{(n+1)^{n-1}}{n^n}.$$

Wir haben zu zeigen, dass $(a_n)_{n \geqslant 1}$ eine monoton fallende Nullfolge ist. Nach Aufgabe 3 C gilt

$$a_n = \frac{1}{n} \left(\frac{n+1}{n} \right)^{n-1} = \frac{1}{n} \left(1 + \frac{1}{n} \right)^{n-1} \leqslant \frac{1}{n} \left(1 + \frac{1}{n} \right)^n \leqslant \frac{3}{n},$$

also $\lim_{n \to \infty} a_n = 0$. Außerdem ist

$$\frac{a_n}{a_{n+1}} = \frac{(n+1)^{n-1}}{n^n} \cdot \frac{(n+1)^{n+1}}{(n+2)^n} = \frac{\left((n+1)^2\right)^n}{\left(n(n+2)\right)^n}$$

$$= \left(\frac{n^2 + 2n + 1}{n^2 + 2n} \right)^n > 1,$$

also ist $(a_n)_{n \geqslant 1}$ monoton fallend.

Aufgabe 7 D. Wir setzen zur Abkürzung

$$\zeta(s) := \sum_{n=1}^{\infty} \frac{1}{n^s}.$$

Diese Reihen konvergieren für alle natürlichen Zahlen $s > 1$. Nun gilt

$$\sum_{k=1}^{\infty} \frac{1}{(2k)^s} = \frac{1}{2^s} \sum_{k=1}^{\infty} \frac{1}{k^s} = \frac{1}{2^s} \zeta(s).$$

Daraus folgt

$$\sum_{k=0}^{\infty} \frac{1}{(2k+1)^s} = \sum_{n=1}^{\infty} \frac{1}{n^s} - \sum_{k=1}^{\infty} \frac{1}{(2k)^s} = (1 - 2^{-s})\zeta(s)$$

und

$$\sum_{n=1}^{\infty} \frac{(-1)^{n-1}}{n^s} = \sum_{n=1}^{\infty} \frac{1}{n^s} - 2 \sum_{k=1}^{\infty} \frac{1}{(2k)^s} = (1 - 2^{-s+1})\zeta(s).$$

Aufgabe 7 E.

a) Da die Folge $(c_n)_{n \in \mathbb{N}}$ konvergiert, ist sie insbesondere beschränkt, es gibt also ein $M \in \mathbb{R}_+$ mit

$$|c_n| \leqslant M \quad \text{für alle } n \in \mathbb{N}.$$

Daraus folgt $|c_n a_n| \leqslant M |a_n|$, also ist

$$\sum_{n=0}^{\infty} M |a_n| = M \sum_{n=0}^{\infty} |a_n|$$

eine konvergente Majorante der Reihe $\sum_{n=0}^{\infty} c_n a_n$.

b) Wir setzen für $n \geqslant 1$

$$a_n := c_n := \frac{(-1)^n}{\sqrt{n}},$$

$a_0 = c_0 = 0$. Die Reihe $\sum_{n=0}^{\infty} a_n$ konvergiert nach dem Leibnizschen Konvergenzkriterium, ebenso konvergiert die Folge $(c_n)_{n \in \mathbb{N}}$. Da weiter $c_n a_n = \frac{1}{n}$ für alle $n \geqslant 1$, konvergiert die Reihe $\sum_{n=0}^{\infty} c_n a_n$ aber nicht.

Aufgabe 7 F. Da die konvergente Reihe $\sum_{n=0}^{\infty} a_n$ nicht absolut konvergiert, enthält sie sowohl unendlich viele positive als auch unendlich viele negative Terme. Sei $(a_{n_k})_{k \in \mathbb{N}}$ die Teilfolge der nichtnegativen Glieder der Folge $(a_n)_{n \in \mathbb{N}}$ und $(a_{m_k})_{k \in \mathbb{N}}$ die Teilfolge der negativen Glieder der Folge $(a_n)_{n \in \mathbb{N}}$. Wir setzen für $k \in \mathbb{N}$

$$\alpha_k := a_{n_k} \geqslant 0,$$
$$\beta_k := -a_{m_k} > 0.$$

Dann gilt

(1) $$\sum_{k=0}^{\infty} \alpha_k = \infty \quad \text{und} \quad \sum_{k=0}^{\infty} \beta_k = \infty.$$

Beweis von (1). Wären beide Reihen konvergent, so würde auch die Reihe $\sum_{n=0}^{\infty} a_n$ absolut konvergieren, im Widerspruch zur Voraussetzung. Nehmen wir an, dass

$$\sum_{k=0}^{\infty} \alpha_k = \infty \quad \text{und} \quad \sum_{k=0}^{\infty} \beta_k =: b < \infty.$$

Dann gilt für alle $N \geqslant n_k$

$$\sum_{n=0}^{N} a_n \geqslant \sum_{i=0}^{k} a_{n_i} - \sum_{k=0}^{\infty} \beta_k = \sum_{i=0}^{k} \alpha_i - b,$$

also $\lim\limits_{N\to\infty}\sum_{n=0}^{N}a_n = \infty$, was der Konvergenz der Reihe $\sum_{n=0}^{\infty}a_n$ widerspricht. Ebenso führt man die Annahme

$$\sum_{k=0}^{\infty}\alpha_k =: a < \infty, \quad \sum_{k=0}^{\infty}\beta_k = \infty$$

zum Widerspruch. Damit ist (1) bewiesen.   □

Die gewünschte Umordnung der Reihe $\sum_{n=0}^{\infty}a_n$ führt man jetzt nach folgendem Schema durch:

$$\begin{aligned}
&\alpha_0 \;\; +\ldots+\; \alpha_{p_0} \;-\; \beta_0 \;-\ldots-\; \beta_{q_0} \\
&+\alpha_{p_0+1}+\ldots+\; \alpha_{p_1} \;-\beta_{q_0+1} -\ldots-\; \beta_{q_1} \\
&+ \ldots\ldots\ldots\ldots\ldots\ldots\ldots\ldots\ldots\ldots\ldots \\
&+ \alpha_{p_i+1}+\ldots+\alpha_{p_{i+1}} - \beta_{q_i+1} -\ldots-\beta_{q_{i+1}} \\
&+ \ldots\ldots\ldots\ldots\ldots\ldots\ldots\ldots\ldots\ldots\ldots
\end{aligned}$$

Dabei sind $p_0 < p_1 < \ldots$ und $q_0 < q_1 < \ldots$ natürliche Zahlen, die induktiv auf folgende Weise bestimmt werden:

Induktionsanfang.

p_0 ist die kleinste Zahl, so dass

$$A_0 := \alpha_0 + \ldots + \alpha_{p_0} \geqslant c,$$

q_0 ist die kleinste Zahl, so dass

$$B_0 := \alpha_0 + \ldots + \alpha_{p_0} - \beta_0 - \ldots - \beta_{q_0} < c.$$

Induktionsschritt.

Seien $p_0,\ldots,p_i$ und $q_0,\ldots,q_i$ schon bestimmt und

$$A_i := \sum_{k=0}^{p_i}\alpha_k - \sum_{l=0}^{q_{i-1}}\beta_l \geqslant c,$$

$$B_i := \sum_{k=0}^{p_i}\alpha_k - \sum_{l=0}^{q_i}\beta_l < c.$$

Wir wählen p_{i+1} als die kleinste natürliche Zahl $> p_i$, so dass

$$A_{i+1} = B_i + \alpha_{p_i+1} + \ldots + \alpha_{p_{i+1}} \geqslant c$$

und q_{i+1} als die kleinste natürliche Zahl $> q_i$, so dass

$$B_{i+1} = B_i + \alpha_{p_i+1} + \ldots + \alpha_{p_{i+1}} - \beta_{q_i+1} - \ldots - \beta_{q_{i+1}} < c.$$

Dies ist möglich, da $\sum_{k=0}^{\infty} \alpha_k = \infty$ und $\sum_{k=0}^{\infty} \beta_k = \infty$ nach (1).

Aus der Definition folgt, dass

$$|A_i - c| \leqslant \alpha_{p_i},$$
$$|B_i - c| \leqslant \beta_{q_i}$$

für alle $i \in \mathbb{N}$. Daraus folgt leicht, dass die umgeordnete Reihe gegen c konvergiert.

Aufgabe 7 G. Es gilt $h_n \leqslant n$ für alle $n \in \mathbb{N}$. Da die Reihe $\sum_{n=1}^{\infty} \frac{n}{2^n}$ konvergiert, existiert auch

$$A := \sum_{n=1}^{\infty} \frac{h_n}{2^n} \in \mathbb{R}.$$

Wegen $h_n - h_{n-1} = \frac{1}{n}$ und $h_0 = 0$ gilt

$$\sum_{n=1}^{N} \frac{1}{2^n n} = \sum_{n=1}^{N} \frac{h_n}{2^n} - \sum_{n=2}^{N} \frac{h_{n-1}}{2^n}$$
$$= \sum_{n=1}^{N} \frac{h_n}{2^n} - \frac{1}{2} \sum_{n=1}^{N-1} \frac{h_n}{2^n},$$

also

$$\sum_{n=1}^{\infty} \frac{1}{2^n n} = A - \frac{1}{2}A = \frac{1}{2}A.$$

Aufgabe 7 H.

a) Da die Reihe für $g(x)$ die geometrische Reihe $\sum_{n=0}^{\infty} |x|^n$ als Majorante hat, konvergiert sie absolut für alle $|x| < 1$.

b) Sei $|x| \leqslant \frac{1}{2}$. Dann gilt

$$\left| g(x) - \sum_{k=0}^{N-1} \frac{1}{2k+1} x^{2k+1} \right| \leqslant \sum_{k=N}^{\infty} \frac{1}{2k+1} |x|^{2k+1}$$
$$\leqslant \frac{|x|^{2N+1}}{2N+1} \sum_{n=0}^{\infty} \left(\frac{1}{2} \right)^n$$
$$= 2 \cdot \frac{|x|^{2N+1}}{2N+1}.$$

Der Fehler ist also kleiner als das Doppelte des Betrages des ersten wegge-lassenen Gliedes der Reihe. Eine Genauigkeit von 10^{-6} wird für $x = \frac{1}{2}$ durch $N = 10$ gewährleistet, für $x = \frac{1}{4}$ durch $N = 5$ und für $x = \frac{1}{10}$ durch $N = 3$.

Aufgabe 7 I.

a) Für alle $|x| < 1$ konvergiert die Reihe

$$\sum_{n=1}^{\infty} M|x|^n = M \cdot \sum_{n=1}^{\infty} |x|^n.$$

Wegen $|a_n x^n| \leqslant M|x|^n$ für alle $n \geqslant 1$ ist $f(x)$ nach dem Majorantenkriterium absolut, also erst recht im gewöhnlichen Sinne, konvergent.

b) $\quad f(x) = \sum_{n=1}^{\infty} a_n x^n = x \sum_{n=1}^{\infty} a_n x^{n-1} = x \left(a_1 + \sum_{n=1}^{\infty} a_{n+1} x^n \right).$

Also gilt $f(x) = 0$ genau dann, wenn $x = 0$ oder

$$\sum_{n=1}^{\infty} a_{n+1} x^n = -a_1.$$

Aber für $0 < |x| < \frac{|a_1|}{2M} \leqslant \frac{1}{2}$ ist $x \neq 0$ und

$$\left| \sum_{n=1}^{\infty} a_{n+1} x^n \right| \leqslant \sum_{n=1}^{\infty} |a_{n+1} x^n| < \sum_{n=1}^{\infty} M \frac{|a_1|^n}{(2M)^n}$$

$$= M \left(\frac{1}{1 - \frac{|a_1|}{2M}} - 1 \right) = \frac{|a_1|}{2} \cdot \frac{1}{1 - \frac{|a_1|}{2M}}$$

$$\leqslant \frac{|a_1|}{2} \cdot 2 = |a_1|.$$

Also gilt $f(x) \neq 0$.

Aufgabe 7 K.

a) Sei zunächst vorausgesetzt, dass die Reihe $\sum\limits_{n=0}^{\infty} a_n$ konvergiert. Wir fassen die Glieder der Reihe zu Teilblöcken

$$A_k := \sum \{a_n : 2^{k-1} < n \leqslant 2^k\}, \quad k \geqslant 1,$$

zusammen. Der k-te Teilblock besteht aus 2^{k-1} Summanden, also gilt

$$A_k \geqslant 2^{k-1} a_{2^k}.$$

Daraus folgt

$$\infty > \sum_{n=0}^{\infty} a_n = a_0 + \sum_{k=1}^{\infty} A_k \geqslant a_0 + \sum_{k=1}^{\infty} 2^{k-1} a_{2^k},$$

also ist $\sum\limits_{k=0}^{\infty} 2^k a_{2^k}$ beschränkt und daher konvergent.

b) Sei jetzt umgekehrt vorausgesetzt, dass $\sum\limits_{k=0}^{\infty} 2^k a_{2^k} < \infty$. Dann folgt wieder durch Zusammenfassung in Teilblöcke

$$\sum_{n=0}^{\infty} a_n = \sum_{k=0}^{\infty} \left(\sum \{ a_n : 2^k \leqslant n < 2^{k+1} \} \right) \leqslant \sum_{k=0}^{\infty} 2^k a_{2^k} < \infty,$$

also konvergiert $\sum\limits_{n=0}^{\infty} a_n$.

Aufgabe 7 M. a) Die Bedingung $\sqrt[n]{|a_n|} \leqslant \theta$ für $n \geqslant n_0$ impliziert

$$|a_n| \leqslant \theta^n$$

Da die Reihe $\sum_{n=n_0}^{\infty} \theta^n$ wegen $|\theta| < 1$ konvergiert, folgt aus dem Majoranten-Kriterium die absolute Konvergenz der Reihe $\sum_0^{\infty} a_n$.

b) Die Bedingung $\sqrt[n]{|a_n|} < 1$ für $n \geqslant n_0$ ist *notwendig* für die Konvergenz der Reihe $\sum_0^{\infty} a_n$. Denn aus der Konvergenz der Reihe folgt $\lim_{n \to \infty} a_n = 0$, also insbesondere $|a_n| < 1$ für alle $n \geqslant n_0$ mit einem geeigneten $n_0 \in \mathbb{N}$. Daraus folgt weiter $\sqrt[n]{|a_n|} < 1$ für $n \geqslant n_0$.

Die Bedingung ist aber nicht *hinreichend*. Ein triviales Gegenbeispiel ist die divergente Reihe $\sum_0^{\infty} a_n$ mit $a_n = \frac{1}{2}$ für alle n, denn aus $|a_n| < 1$ folgt auch $\sqrt[n]{|a_n|} < 1$.

Aufgabe 7 N.

a) i) Wir setzen $\beta := \alpha - 1 > 0$. Die angegebene Bedingung ist äquivalent zu

$$n a_n \leqslant (n-1) a_{n-1} - \beta a_{n-1} \quad \text{für alle } n > n_0.$$

Die Folge $(b_n)_{n \geqslant n_0}$ mit $b_n := na_n$ ist daher monoton fallend, also konvergent mit $\lim_{n \to \infty} b_n =: B \geqslant 0$. Da

$$a_n \leqslant \frac{1}{\beta}(b_n - b_{n+1}) \quad \text{für } n \geqslant n_0,$$

folgt mit dem Teleskopsummen-Effekt

$$\sum_{n=n_0}^{N} a_n \leqslant \frac{1}{\beta} \sum_{n=n_0}^{N} (b_n - b_{n+1}) \leqslant \frac{1}{\beta}(b_{n_0} - B).$$

Die Reihe $\sum_{n_0}^{\infty} a_n$ ist daher beschränkt, also konvergent.

ii) Aus der Bedingung

$$\frac{a_n}{a_{n-1}} \geqslant 1 - \frac{1}{n} = \frac{1/n}{1/(n-1)} \quad \text{für } n > n_0$$

folgt durch Induktion

$$a_n \geqslant c \cdot \frac{1}{n} \quad \text{für } n \geqslant n_0$$

mit der Konstanten $c := n_0 a_{n_0} > 0$. Da die harmonische Reihe divergiert, divergiert auch $\sum_{n_0}^{\infty} a_n$, q.e.d.

b) Nach Definition von $\binom{1/2}{n}$ gilt für $n \geqslant 1$

$$\binom{1/2}{n} = \binom{1/2}{n-1} \frac{1/2 - (n-1)}{n} = -\binom{1/2}{n-1}\left(1 - \frac{3/2}{n}\right),$$

also mit $a_n := \binom{1/2}{n}$

$$\frac{|a_n|}{|a_{n-1}|} = 1 - \frac{3/2}{n}.$$

Daraus folgt mit Bedingung i) des Raabeschen Konvergenz-Kriteriums, das die Reihe $\sum_{n=0}^{\infty} \binom{1/2}{n}$ absolut konvergiert, q.e.d.

Aufgabe 7 O. Die Behauptung der Aufgabe ist insofern überraschend, als die harmonische Reihe divergiert und man meinen könnte, dass durch die Bedingung, dass die Ziffer 1 nicht vorkommen darf, nur wenige Zahlen ausgeschlossen werden. Dies ist jedoch nicht der Fall.

Für $k \geqslant 1$ sei $M_1(k)$ die Menge aller k-stelligen natürlichen Zahlen, die keine Ziffer 1 enthalten. Es gilt $M_1 = \bigcup_{k \geqslant 1} M_1(k)$.

Die Menge $M_1(k)$ besteht aus $8 \cdot 9^{k-1}$ Elementen, da es für die erste Stelle 8 Möglichkeiten (2,3,...,9) und für die restlichen Stellen 9 Möglichkeiten (0,2,...,9) gibt. Die kleinste Zahl aus $M_1(k)$ ist $2 \cdot 10^{k-1}$. Daraus folgt

$$\sum_{n \in M_1(k)} \frac{1}{n} \leqslant 8 \cdot 9^{k-1} \cdot \frac{1}{2 \cdot 10^{k-1}} = 4 \cdot \left(\frac{9}{10}\right)^{k-1},$$

und weiter

$$\sum_{n \in M_1} \frac{1}{n} = \sum_{k=1}^{\infty} \left(\sum_{n \in M_1(k)} \frac{1}{n} \right) \leqslant 4 \sum_{k=1}^{\infty} \left(\frac{9}{10}\right)^{k-1} = \frac{4}{1 - 9/10} = 40 < \infty,$$

was zu beweisen war.

§ 8   Die Exponentialreihe

Aufgabe 8 A.

a) Die reelle Zahl $x \geqslant 1$ sei fest vorgegeben. Dann gibt es eine natürliche Zahl $k \geqslant 1$, so dass

$$k \leqslant x < k + 1.$$

Da

$$\binom{x}{n} = \frac{x(x-1) \cdot \ldots \cdot (x-n+1)}{n(n-1) \cdot \ldots \cdot 1}$$

$$= \frac{x(x-1) \cdot \ldots \cdot (x-k)}{n(n-1) \cdot \ldots \cdot (n-k)} \prod_{m=1}^{n-k-1} \frac{x-k-m}{m}$$

und

$$\left| \frac{x-k-m}{m} \right| = \frac{m-(x-k)}{m} \leqslant 1,$$

folgt

$$\left| \binom{x}{n} \right| \leqslant \frac{|x(x-1) \cdot \ldots \cdot (x-k)|}{n(n-1) \cdot \ldots \cdot (n-k)} \quad \text{für } n \geqslant k+1.$$

Es gibt deshalb eine Konstante $c \in \mathbb{R}_+$, so dass

$$\left| \binom{x}{n} \right| \leqslant \frac{c}{n^{k+1}} \quad \text{für alle } n \geqslant k+1.$$

Daraus folgt die absolute Konvergenz der Reihe

$$s(x) = \sum_{n=0}^{\infty} \binom{x}{n}$$

(vgl. An. 1, §7, Beispiel (7.2)).

b) Da die Reihen $\sum_{n=0}^{\infty} \binom{x}{n}$ und $\sum_{n=0}^{\infty} \binom{y}{n}$ absolut konvergieren, kann man auf sie den Satz über das Cauchy–Produkt anwenden. Es ergibt sich

$$s(x)s(y) = \sum_{n=0}^{\infty} c_n,$$

wobei

$$c_n = \sum_{k=0}^{n} \binom{x}{n-k}\binom{y}{k}.$$

Nach Aufgabe 1 C gilt

$$c_n = \binom{x+y}{n},$$

also $s(x)s(y) = s(x+y)$.

c) Für eine natürliche Zahl N ist $\binom{N}{n} = 0$ für $n > N$, also

$$s(N) = \sum_{n=0}^{N} \binom{N}{n} = \sum_{n=0}^{N} \binom{N}{n} 1^{N-n} 1^n = (1+1)^N = 2^N.$$

Aus der Funktionalgleichung für die Funktion s folgt nun für jede natürliche Zahl $n \geqslant 1$

$$s\left(n + \frac{1}{2}\right)^2 = s(2n+1) = 2^{2n+1}.$$

Daraus folgt $s\left(n + \frac{1}{2}\right) = \pm 2^n \sqrt{2}$. Um zu zeigen, dass nur das Pluszeichen in Frage kommt, beweisen wir, dass

$$s(x) > 0 \quad \text{für alle } x \geqslant 1.$$

Sei $x \geqslant 1$ fest und $k \in \mathbb{N}$ so, dass $k \leqslant x < k+1$. Da

$$\binom{x}{0} = 1 \quad \text{und} \quad \binom{x}{n+1} = \binom{x}{n}\frac{x-n}{n+1}$$

folgt

$$\binom{x}{n} > 0 \quad \text{für alle } n \leqslant k,$$

$$\binom{x}{k+2m+1} \geqslant 0, \ \binom{x}{k+2m+2} \leqslant 0$$

und nach Aufgabe 1 B ist

$$\binom{x}{k+2m+1} + \binom{x}{k+2m+2} = \binom{x+1}{k+2m+2} \geqslant 0$$

für alle $m \in \mathbb{N}$. Daraus ergibt sich

$$s(x) = \sum_{n=0}^{k} \binom{x}{n} + \sum_{m=0}^{\infty} \left\{ \binom{x}{k+2m+1} + \binom{x}{k+2m+2} \right\} > 0.$$

Wir haben also bewiesen

$$s\left(n + \frac{1}{2}\right) = 2^n \sqrt{2}.$$

Insbesondere hat man für $\sqrt{2}$ die Reihenentwicklung

$$\sqrt{2} = \frac{1}{2} \sum_{n=0}^{\infty} \binom{\frac{3}{2}}{n}.$$

Bemerkung: Es wird in An. 1, §22, bewiesen, dass die Reihe

$$s(x) = \sum_{n=0}^{\infty} \binom{x}{n}$$

sogar für alle $x \geqslant 0$ absolut konvergiert und für $x > -1$ noch im gewöhnlichen Sinn konvergiert. Für alle $x > -1$ gilt

$$s(x) = 2^x.$$

Die allgemeine Potenz a^x für nichtganzes x wird in An. 1, §12, eingeführt.

Aufgabe 8 B. Die Reihe $\sum_{n=0}^{\infty} \frac{(-1)^n}{\sqrt{n+1}}$ konvergiert nach dem Leibnizschen Konvergenzkriterium, da $\left(\frac{1}{\sqrt{n+1}}\right)_{n\in\mathbb{N}}$ eine monoton fallende Nullfolge ist. Das Cauchy–Produkt $\sum_{n=0}^{\infty} c_n$ hat die Terme

$$c_n = \sum_{k=0}^{n} \frac{(-1)^{n-k}}{\sqrt{n-k+1}} \cdot \frac{(-1)^k}{\sqrt{k+1}} = (-1)^n \sum_{k=0}^{n} \frac{1}{\sqrt{(n-k+1)(k+1)}}.$$

Für $k = 0, \ldots, n$ gilt

$$(n-k+1)(k+1) < (n+1)^2,$$

also

$$\frac{1}{\sqrt{(n-k+1)(k+1)}} > \frac{1}{n+1}.$$

Daraus folgt

$$|c_n| > (n+1)\frac{1}{n+1} = 1.$$

Daher konvergiert die Reihe $\sum_{n=0}^{\infty} c_n$ nicht.

Aufgabe 8 E. Es ist

$$M = \{2^k 5^\ell : k, \ell \in \mathbb{N}\}$$

Wir setzen

$$M_N := \{n \in M : n \leqslant N\}$$

und

$$M^{(s)} := \{2^k 5^\ell : 0 \leqslant k, \ell \leqslant s\}$$

Nach Definition ist

$$\sum_{n\in M} \frac{1}{n} = \lim_{N\to\infty} \sum_{n\in M_N} \frac{1}{n}.$$

Zu jedem $N \in \mathbb{N}$ existiert ein $s \in \mathbb{N}$, so dass

$$M_N \subset M^{(s)}.$$

Umgekehrt existiert zu jedem $s \in \mathbb{N}$ ein $N' \in \mathbb{N}$, so dass

$$M^{(s)} \subset M_{N'}.$$

Da alle Reihenglieder positiv sind, folgt daraus

$$\lim_{N \to \infty} \sum_{n \in M_N} \frac{1}{n} = \lim_{s \to \infty} \sum_{n \in M^{(s)}} \frac{1}{n}.$$

Nun ist

$$\sum_{n \in M^{(s)}} \frac{1}{n} = \sum_{k,\ell=0}^{s} \frac{1}{2^k 5^\ell} = \left(\sum_{k=0}^{s} \frac{1}{2^k} \right) \cdot \left(\sum_{\ell=0}^{s} \frac{1}{5^\ell} \right)$$

und deshalb

$$\lim_{s \to \infty} \sum_{n \in M^{(s)}} \frac{1}{n} = \left(\sum_{k=0}^{\infty} \frac{1}{2^k} \right) \cdot \left(\sum_{\ell=0}^{\infty} \frac{1}{5^\ell} \right) = \frac{1}{1 - \frac{1}{2}} \cdot \frac{1}{1 - \frac{1}{5}} = 2 \cdot \frac{5}{4} = \frac{5}{2}.$$

§ 9 Punktmengen

Aufgabe 9 A.

a) Es sei ◻ $_n$ die Menge aller endlichen Teilmengen $A \subset \mathbb{N}$ mit

$$x \leqslant n \quad \text{für alle } x \in A.$$

Offenbar ist ◻ $_n$ endlich und für die Menge $\mathfrak{P}_{\text{fin}}(\mathbb{N})$ aller endlichen Teilmengen von $\mathbb{N}$ gilt

$$\mathfrak{P}_{\text{fin}}(\mathbb{N}) = \bigcup_{n=0}^{\infty} \square_n.$$

Als abzählbare Vereinigung abzählbarer Mengen ist $\mathfrak{P}_{\text{fin}}(\mathbb{N})$ abzählbar, q.e.d.

b) Wäre die Menge aller Teilmengen von $\mathbb{N}$ abzählbar, so gäbe es eine Folge $(A_n)_{n \in \mathbb{N}}$ von Teilmengen $A_n \subset \mathbb{N}$, so dass jede Teilmenge von $\mathbb{N}$ gleich einer der Mengen A_n ist. Wir werden aber jetzt eine Teilmenge $B \subset \mathbb{N}$ angeben, für die das nicht zutrifft. B sei definiert durch die Bedingung

$$n \in B \quad \Longleftrightarrow \quad n \notin A_n.$$

Angenommen, es gibt ein $k \in \mathbb{N}$, so dass $B = A_k$. Wir betrachten nun das spezielle Element $k \in \mathbb{N}$. Falls $k \in A_k$, gilt nach Definition $k \notin B$, was nicht sein kann, da $B = A_k$. Falls aber $k \notin A_k$, ist $k \in B$, was ebenso unmöglich ist. Daher ist die Annahme falsch; die Menge B kann nicht in der Folge (A_n) vorkommen. Damit ist bewiesen, dass die Menge aller Teilmengen von $\mathbb{N}$ überabzählbar ist.

Wir geben noch einen zweiten Beweis, der die Behauptung auf die Überabzählbarkeit des Intervalls $[0,1] \subset \mathbb{R}$ zurückführt.

Wir ordnen jeder Teilmenge $T \subset \mathbb{N}$ eine Folge $(b_n)_{n \in \mathbb{N}}$ mit $b_n \in \{0,1\}$ nach folgender Vorschrift zu:

$$b_n := \begin{cases} 1, & \text{falls } n \in T, \\ 0, & \text{falls } n \notin T. \end{cases}$$

Der Folge (b_n) wird nun die Zahl

$$x(T) := \sum_{n=0}^{\infty} b_n 2^{-n-1} \in [0,1]$$

zugeordnet. Da jede Zahl $x \in [0,1]$ eine 2-adische Entwicklung $x = \sum_{n=0}^{\infty} b_n 2^{-n-1}$ besitzt, ist die Abbildung

$$\mathfrak{P}(\mathbb{N}) \to [0,1], \quad T \mapsto x(T),$$

surjektiv. (Es gilt $x(\emptyset) = 0$ und $x(\mathbb{N}) = 1$.) Wäre $\mathfrak{P}(\mathbb{N})$ abzählbar, so auch $[0,1]$, Widerspuch! Also ist $\mathfrak{P}(\mathbb{N})$ überabzählbar.

Aufgabe 9 B. Wir beweisen nur die Formel $\limsup a_n = \sup H$, da die Formel für $\liminf$ ganz analog bewiesen werden kann. Nach Definition ist

$$A := \lim_{n \to \infty} \sup a_n = \lim_{n \to \infty} A_n,$$

wobei

$$A_n := \sup\{a_k \,:\, k \geqslant n\}.$$

Da die Folge $(a_n)_{n \in \mathbb{N}}$ beschränkt ist, gilt $A_n \in \mathbb{R}$ für alle $n \in \mathbb{N}$ und $A \in \mathbb{R}$. Wir beweisen nun

(1) $A \in H,$

(2) $a \leqslant A$ für alle $a \in H.$

Beweis von (1). Da H die Menge aller Grenzwerte von konvergenten Teilfolgen der Folge $(a_n)_{n \in \mathbb{N}}$ ist, genügt es zu zeigen, dass zu jedem $N \in \mathbb{N}$ und $\varepsilon > 0$ ein $n \geqslant N$ existiert, so dass

$$|a_n - A| < \varepsilon.$$

Da $\lim\limits_{n\to\infty} A_n = A$, finden wir zunächst ein $m \geqslant N$, so dass

$$|A_m - A| < \frac{\varepsilon}{2}.$$

Nach Definition von A_m gibt es ein $n \geqslant m$, so dass

$$|a_n - A_m| < \frac{\varepsilon}{2}.$$

Daraus folgt $n \geqslant N$ und $|a_n - A| < \varepsilon$. $\qquad\qquad\square$

Beweis von (2). Sei $a \in H$, dann ist a Limes einer gewissen Teilfolge $(a_{n_k})_{k\in\mathbb{N}}$ von $(a_n)_{n\in\mathbb{N}}$. Nach Definition gilt $A_{n_k} \geqslant a_{n_k}$. Daraus folgt

$$A = \lim_{n\to\infty} A_n = \lim_{k\to\infty} A_{n_k} \geqslant \lim_{k\to\infty} a_{n_k} = a.$$

Damit ist (2) bewiesen. $\qquad\qquad\square$

Aus (1) und (2) folgt unmittelbar

$$A = \sup H.$$

Aufgabe 9 C.

I) Falls $(a_n)_{n\in\mathbb{N}}$ gegen a konvergiert, so ist die Folge beschränkt und für die Menge H ihrer Häufungspunkte gilt $H = \{a\}$. Daher gilt nach Aufgabe 9 A

$$\limsup a_n = \sup H = a = \inf H = \liminf a_n.$$

II) Sei nun umgekehrt vorausgesetzt, dass

$$\limsup a_n = \liminf a_n = a \in \mathbb{R}.$$

Setzen wir

$$A_n := \sup\{a_k \,:\, k \geqslant n\}, \quad \alpha_n := \inf\{a_n \,:\, k \geqslant n\}$$

so gilt also

$$\lim_{n\to\infty} A_n = \lim_{n\to\infty} \alpha_n = a.$$

Zu vorgegebenen $\varepsilon > 0$ existiert daher ein $N \in \mathbb{N}$, so dass

$$|A_N - a| < \varepsilon \quad \text{und} \quad |\alpha_N - a| < \varepsilon.$$

Nach Definition von A_N und α_N gilt

$$\alpha_N \leqslant a_n \leqslant A_N \quad \text{für alle } n \geqslant N.$$

Daraus folgt $|a_n - a| < \varepsilon$ für alle $n \geqslant N$.

Aufgabe 9 E. Sei $K \in \mathbb{R}_+^*$ vorgegeben. Für jede natürliche Zahl $n \geqslant 1$ sei

$$M_n := \left\{ a \in M \; : \; a \geqslant \frac{K}{n} \right\}.$$

Es gilt

$$M = \bigcup_{n \geqslant 1} M_n.$$

Wäre jede Menge M_n endlich, so wäre M abzählbar, was der Voraussetzung widerspricht. Es gibt also ein $n \geqslant 1$, so dass M_n unendlich viele Elemente enthält. Wählen wir nun paarweise verschiedene $a_1, \ldots, a_n \in M_n$, so folgt

$$a_1 + \ldots + a_n \geqslant K.$$

Aufgabe 9 F.

a) Sei $\theta = \limsup_{n \to \infty} \sqrt[n]{|a_n|} < 1$. Wir wählen ein r mit $\theta < r < 1$. Aus der Charakterisierung des Limes superior (An. 1, §9, Satz 4) folgt, dass

$$\sqrt[n]{|a_n|} < r \quad \text{für alle } n \geqslant n_0$$

($n_0 \in \mathbb{N}$ geeignet). Also ist

$$|a_n| < r^n \quad \text{für } n \geqslant n_0.$$

Da die geometrische Reihe $\sum_{n=n_0}^{\infty} r^n$ konvergiert, folgt aus dem Majoranten-Kriterium, dass die Reihe $\sum_{n=0}^{\infty} a_n$ absolut konvergiert.

b) Falls $\theta = \limsup_{n \to \infty} \sqrt[n]{|a_n|} > 1$, gibt es nach der Charakterisierung des Limes superior unendlich viele Indizes $n_k \in \mathbb{N}$, so dass

$$\sqrt[n_k]{|a_{n_k}|} > 1 \quad \text{für alle } k,$$

also auch $|a_{n_k}| > 1$. Deshalb konvergiert die Folge $(a_n)_{n \in \mathbb{N}}$ nicht gegen 0, also divergiert die Reihe $\sum_{n=0}^{\infty} a_n$.

c) Die Reihe $\sum_{n=1}^{\infty} (1/n)$ divergiert, die Reihe $\sum_{n=1}^{\infty} (1/n^2)$ konvergiert. In beiden Fällen ist

$$\theta = \limsup_{n \to \infty} \sqrt[n]{|a_n|} = 1,$$

da $\lim\limits_{n\to\infty} \sqrt[n]{n} = 1$, vgl. Aufgabe 6 G.

Aufgabe 9 H. Wir behandeln hier nur Teil i) und ii).

i) Eine bijektive Abbildung $\mathbb{N} \setminus \{0\} \longrightarrow \mathbb{N}$ wird gegeben durch $n \mapsto n-1$. Deshalb ist folgende Abbildung $\varphi_1 : \mathbb{R}^* \to \mathbb{R}$ bijektiv:

$$\varphi_1(x) := \begin{cases} x, & \text{falls } x \in \mathbb{R} \setminus \mathbb{N}, \\ x-1, & \text{falls } x \in \mathbb{N} \setminus \{0\}. \end{cases}$$

ii) Sei $\frac{1}{2}\mathbb{Z} = \mathbb{Z} \cup (\frac{1}{2} + \mathbb{Z}) \subset \mathbb{R}$ die Menge aller ganzen und halbganzen Zahlen. Die folgende Abbildung ist bijektiv:

$$\tfrac{1}{2} + \mathbb{Z} \longrightarrow \tfrac{1}{2}\mathbb{Z}, \quad \tfrac{1}{2} + n \mapsto \tfrac{1}{2} \cdot n.$$

Deshalb ist auch die wie folgt definierte Abbildung $\varphi_2 : \mathbb{R} \setminus \mathbb{Z} \to \mathbb{R}$ bijektiv:

$$\varphi_2(x) := \begin{cases} x, & \text{falls } x \in \mathbb{R} \setminus \tfrac{1}{2}\mathbb{Z}, \\ \tfrac{1}{2} \cdot n, & \text{falls } x = \tfrac{1}{2} + n \in \tfrac{1}{2} + \mathbb{Z}. \end{cases}$$

Aufgabe 9 I.

a) Seien zwei nicht-leere Teilmengen $A, B \subset \mathbb{R}$ mit $A \cup B = \mathbb{R}$ und $x < y$ für alle $x \in A$, $y \in B$ gegeben.

Dann ist die Menge A nach oben beschränkt, denn jedes Element von B ist eine obere Schranke von A. Nach An. 1, §9, Satz 3, existiert das Supremum von A,

$$s := \sup(A).$$

Dann gilt einerseits $x \leqslant s$ für alle $x \in A$, und andrerseits $s \leqslant y$ für alle $y \in B$, da s die kleinste obere Schranke von A ist. Die Eindeutigkeit von s ist klar. Damit ist die Gültigkeit des Dedekindschen Schnittaxioms in $\mathbb{R}$ bewiesen.

b) 1. Wir zeigen zunächst:

In einem angeordneten Körper ist jede Cauchy-Folge $(a_n)_{n\in\mathbb{N}}$ beschränkt.

Nach Definition gibt es zu $\varepsilon = 1$ ein $N \in \mathbb{N}$, so dass $|a_n - a_m| \leqslant 1$ für alle $n, m \geqslant N$. Daraus folgt

$$|a_n| \leqslant |a_N| + 1 \quad \text{für alle } n \geqslant N,$$

also gilt mit $K := \max\{|a_0|, |a_1|, \ldots, |a_{N-1}|, |a_N| + 1\}$, dass

$$|a_n| \leqslant K \quad \text{für alle } n \geqslant 0, \quad \text{q.e.d.}$$

2. Jetzt können wir zeigen, dass jeder angeordnete Körper K, in dem das Dedekindsche Schnittaxiom gilt, vollständig ist, d.h. jede Cauchyfolge $(a_n)_{n \in \mathbb{N}}$ konvergiert. Dazu definieren wir Teilmengen $A, B \subset K$ wie folgt:

   i) A besteht aus allen Elementen $x \in K$, so dass $x \leqslant a_n$ für unendlich viele $n \in \mathbb{N}$.

   ii) B besteht aus allen Elementen $y \in K$, so dass $y > a_n$ für fast alle $n \in \mathbb{N}$, d.h. alle $n \geqslant n_0$ für geeignetes $n_0 \in \mathbb{N}$.

Da die Cauchyfolge beschränkt ist, sind beide Mengen nicht leer. Nach Definition ist B das Komplement von A und es gilt $x < y$ für alle $x \in A$ und $y \in B$. Wir können deshalb das Dedekindsche Schnittaxiom anwenden und erhalten ein $s \in K$, so dass

$$x \leqslant s \leqslant y \quad \text{für alle } x \in A \text{ und } y \in B.$$

Behauptung: Die Folge (a_n) konvergiert gegen s.

Beweis hierfür. Sei $\varepsilon > 0$ vorgegeben. Da $s + \varepsilon \in B$, gibt es ein $n_0 \in \mathbb{N}$, so dass

$$a_n < s + \varepsilon \quad \text{für alle } n \geqslant n_0.$$

Andrerseits gilt $s - \varepsilon/2 \in A$, also gilt

$$s - \varepsilon/2 \leqslant a_m \quad \text{für unendlich viele } m \in \mathbb{N}.$$

Da (a_n) eine Cauchyfolge ist, gibt es ein $n_1 \in \mathbb{N}$, so dass $|a_n - a_m| < \varepsilon/2$ für alle $n, m \geqslant n_1$. Für wenigstens ein $m \geqslant n_1$ gilt $s - \varepsilon/2 \leqslant a_m$. Es folgt

$$a_n > s - \varepsilon \quad \text{für alle } n \geqslant n_1,$$

also

$$|a_n - s| < \varepsilon \quad \text{für alle } n \geqslant \max(n_0, n_1).$$

Damit ist die Behauptung bewiesen. Dies zeigt, dass das Dedekindsche Schnittaxiom das Vollständigkeits-Axiom impliziert.

3. Nun zeigen wir, dass das Dedekindsche Schnittaxiom in einem angeordneten Körper K auch das Archimedische Axiom impliziert. Das Archimedische Axiom lautet:

Zu je zwei positiven Elementen $r, R \in K$ existiert ein $n \in \mathbb{N}$ mit $nr > R$.

Angenommen, dies sei nicht der Fall. Dann gilt $nr \leqslant R$ für alle $n \in \mathbb{N}$. Wir konstruieren nun zwei Teilmengen $A, B \subset K$ auf folgende Weise:

i) A besteht aus allen Elementen $x \in K$, so dass $x < nr$ für mindestens ein $n \in \mathbb{N}$.

ii) B besteht aus allen Elementen $y \in K$, so dass $nr \leqslant y$ für alle $n \in \mathbb{N}$.

Beide Mengen sind nicht leer (da z.B. $0 \in A$ und $R \in B$). Nach Definition ist B das Komplement von A und es gilt $x < y$ für alle $x \in A$ und $y \in B$. Wir können deshalb das Dedekindsche Schnittaxiom anwenden und erhalten ein $s \in K$, so dass

$$x \leqslant s \leqslant y \quad \text{für alle } x \in A \text{ und } y \in B.$$

Nun gilt $s - r/2 \in A$ und $s + r/2 \in B$. Es gibt also ein $n \in \mathbb{N}$, so dass

$$s - r/2 < nr$$

und für alle $m \in \mathbb{N}$ ist $mr \leqslant s + r/2$, insbesondere

$$(n+1)r \leqslant s + r/2 \quad \implies \quad nr \leqslant s - r/2.$$

Dies steht aber im Widerspruch zur obigen Ungleichung $s - r/2 < nr$. Deshalb ist die Annahme falsch und das Archimedische Axiom unter Annahme des Dedekindschen Schnittaxioms bewiesen.

§ 10   Funktionen, Stetigkeit

Aufgabe 10 A. Sei $N \in \mathbb{N}$. Nach An. 1, §10, Satz 1 und Beispiel (10.18) sind die Funktionen $x \mapsto nx$ und $x \mapsto 1 + |nx|$ auf $\mathbb{R}$ stetig, also auch die Funktion

$$x \longmapsto g_n(x) = \frac{nx}{1 + |nx|},$$

da der Nenner nirgends verschwindet. Für $n \geqslant 1$ erhält man

$$g_n(x) = \frac{x}{\frac{1}{n} + |x|}.$$

Also gilt für $x \neq 0$

$$\lim_{n \to \infty} g_n(x) = \frac{x}{|x|} = \begin{cases} 1, & \text{falls } x > 0, \\ -1, & \text{falls } x < 0. \end{cases}$$

Für alle $n \in \mathbb{N}$ ist $g_n(0) = 0$, also

$$\lim_{n \to \infty} g_n(0) = 0.$$

Es ist $g(x) := \lim_{n \to \infty} g_n(x)$ also für alle $x \in \mathbb{R}$ definiert. In jedem Punkt $a \neq 0$ ist g stetig, da

$$\lim_{x \to a} g(x) = g(a).$$

Im Nullpunkt ist g aber nicht stetig, da

$$\lim_{n \to \infty} g\left(\frac{1}{n}\right) = 1 \neq g(0) = 0.$$

Wir haben also hier eine Folge stetiger Funktionen, die gegen eine unstetige Funktion konvergiert, vgl. Bild 10.1.

Bemerkung: In An. 1, §21, wird das Problem behandelt, wann der Limes einer Folge stetiger Funktionen wieder stetig ist.

Aufgabe 10 B. Für zwei reelle Zahlen a, b gilt

$$\max(a,b) = \frac{1}{2}(a + b + |a - b|),$$

$$\min(a,b) = \frac{1}{2}(a + b - |a - b|)$$

wie man durch Fallunterscheidung $a \geqslant b$ bzw. $a < b$ zeigt (vgl. Aufgabe 3 H). Deshalb gilt

$$\varphi = \frac{1}{2}(f + g + |f - g|),$$

$$\psi = \frac{1}{2}(f + g - |f - g|).$$

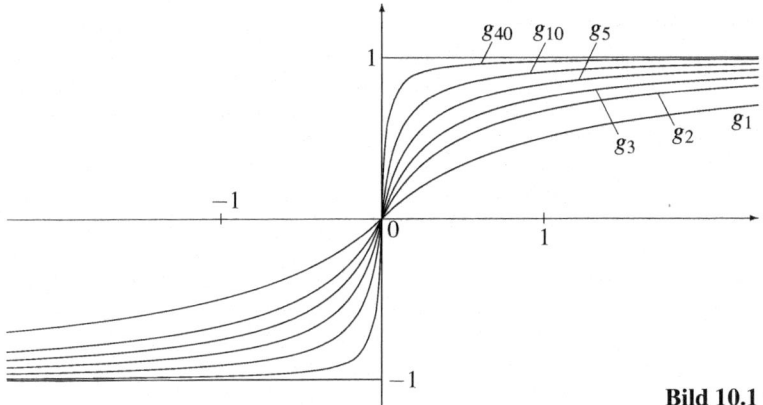

Bild 10.1

Sind f, g stetig auf D, so sind auch die Funktionen $f + g$ und $f - g$ stetig. Daher ist auch die Funktion $|f - g|$ stetig (An. 1, Beispiel (10.18)). Daraus folgt die Stetigkeit von φ und ψ.

Aufgabe 10 E. Sei $x \in \mathbb{Q}$ und $(x_n)_{n \in \mathbb{N}}$ eine Folge rationaler Zahlen, die gegen x konvergiert. Für $\varepsilon := |x - \sqrt{2}| > 0$ gibt es ein $N \in \mathbb{N}$, so dass $|x_n - x| < \varepsilon$ für alle $n \geqslant N$. Falls $x > \sqrt{2}$, ist $x_n > \sqrt{2}$ für alle $n \geqslant N$, also

$$\lim_{n \to \infty} f(x_n) = 1 = f(x).$$

Analog erhält man: Falls $x < \sqrt{2}$, ist $x_n < \sqrt{2}$ für alle $n \geqslant N$, also

$$\lim_{n \to \infty} f(x_n) = 0 = f(x).$$

Bemerkung: Natürlich kann man die Funktion f in keiner Weise so auf ganz $\mathbb{R}$ fortsetzen, dass sie auch im Punkt $\sqrt{2} \in \mathbb{R}$ stetig wird.

Aufgabe 10 F. Sei eine irrationale Zahl $a \in]0, 1]$ und ein $\varepsilon > 0$ vorgegeben. Es ist zu zeigen, dass ein $\delta > 0$ existiert, so dass

$$|f(x) - f(a)| = f(x) < \varepsilon$$

für alle $x \in]0, 1]$ mit $|x - a| < \delta$. Sei $s \geqslant 1$ eine natürliche Zahl mit $\frac{1}{s} < \varepsilon$. Sei M_s die folgende (endliche) Menge aller rationalen Zahlen

$$M_s = \left\{ \frac{m}{n} \ : \ m, n \in \mathbb{N} \text{ mit } 1 \leqslant m \leqslant n \leqslant s \right\}.$$

Da a irrational ist, ist

$$\delta := \min\{|y - a| \, : \, y \in M_s\} > 0.$$

Für jedes $x \in {]0,1]}$ mit $|x - a| < \delta$ gilt jetzt $f(x) = 0$, falls x irrational ist, oder $f(x) = \frac{1}{q}$ mit $q > s$, falls x rational ist. Daher ist

$$|f(x) - f(a)| < \varepsilon.$$

§ 11   Sätze über stetige Funktionen

Aufgabe 11 A. Sei $f : [a,b] \longrightarrow \mathbb{R}$ definiert durch

$$f(x) := F(x) - x.$$

Dann ist die Funktion f stetig. Nach Voraussetzung ist $F(a) \geqslant a$ und $F(b) \leqslant b$, also $f(a) \geqslant 0$ und $f(b) \leqslant 0$. Nach dem Zwischenwertsatz gibt es ein $x_0 \in [a,b]$ mit $f(x_0) = 0$, also $F(x_0) = x_0$.

Aufgabe 11 B.

a) Wir behandeln zunächst die Funktion sqrt. Sei $\varepsilon > 0$ vorgegeben. Da die Funktion sqrt $|\, [0,1]$ nach An. 1, §11, Satz 4, gleichmäßig stetig ist, gibt es ein $\delta_1 > 0$, so dass

$$|\sqrt{x} - \sqrt{y}| < \varepsilon \quad \text{für alle } x, y \in [0,1] \text{ mit } |x - y| < \delta_1.$$

Setzte $\delta := \min(\delta_1, \varepsilon)$. Dann gilt

$$|\sqrt{x} - \sqrt{y}| < \varepsilon \quad \text{für alle } x, y \in \mathbb{R}_+ \text{ mit } |x - y| < \delta.$$

Falls nämlich $x, y \in [0,1]$, folgt dies aus der obigen Abschätzung; andernfalls ist $x \geqslant 1$ oder $y \geqslant 1$, also

$$|\sqrt{x} - \sqrt{y}| \leqslant |\sqrt{x} + \sqrt{y}| \cdot |\sqrt{x} - \sqrt{y}| = |x - y| < \delta \leqslant \varepsilon.$$

b) Um zu beweisen, dass die Funktion

$$f : \mathbb{R}_+ \longrightarrow \mathbb{R}, \; f(x) := x^2,$$

nicht gleichmäßig stetig ist, zeigen wir, dass es zu $\varepsilon = 1$ kein $\delta > 0$ gibt, so dass

(1) $|f(x) - f(y)| < 1$ für alle $x, y \in \mathbb{R}_+$ mit $|x - y| < \delta$.

Sei z.B. $x := \frac{1}{\delta}, y := x + \frac{\delta}{2}$. Dann ist

$$|f(x) - f(y)| = y^2 - x^2 = 1 + \frac{\delta^2}{4} \geqslant 1,$$

aber $|x - y| < \delta$. Also ist die Bedingung (1) für kein $\delta > 0$ erfüllbar.

Aufgabe 11 C.

b) Sei $0 < \delta \leqslant \delta'$, dann gilt

$$|x - x'| \leqslant \delta \Longrightarrow |x - x'| \leqslant \delta'.$$

Aus der Definition des Stetigkeitsmoduls folgt unmittelbar, dass

$$\omega_f(\delta) \leqslant \omega_f(\delta').$$

c) Seien $\delta, \delta' \in \mathbb{R}_+$ und $x, x' \in [a,b]$ mit

$$|x - x'| \leqslant \delta + \delta'.$$

Dann gibt es einen Zwischenpunkt $\xi \in [a,b]$ mit

$$|x - \xi| \leqslant \delta \quad \text{und} \quad |\xi - x'| \leqslant \delta'.$$

Daraus folgt

$$\begin{aligned}
|f(x) - f(x')| &= |f(x) - f(\xi) + f(\xi) - f(x')| \\
&\leqslant |f(x) - f(\xi)| + |f(\xi) - f(x')| \\
&\leqslant \omega_f(\delta) + \omega_f(\delta').
\end{aligned}$$

Nach Übergang zum Supremum erhält man

$$\omega_f(\delta + \delta') \leqslant \omega_f(\delta) + \omega_f(\delta').$$

a) Wegen der gleichmäßigen Stetigkeit von f (vgl. An. 1, §11, Satz 4) gibt es zu vorgegebenen $\varepsilon > 0$ ein $\delta > 0$, so dass

$$\omega_f(\delta') \leqslant \varepsilon \quad \text{für alle } \delta' < \delta.$$

Daraus folgt $\lim_{\delta \to 0} \omega_f(\delta) = 0$, d.h. ω_f ist im Nullpunkt stetig. Für beliebige $\delta_0, \delta \in \mathbb{R}_+$ gilt nach c)

$$|\omega_f(\delta) - \omega_f(\delta_0)| \leqslant \omega_f(|\delta - \delta_0|),$$

also

$$\lim_{\delta \to \delta_0} \omega_f(\delta) = \omega_f(\delta_0),$$

d.h. ω_f ist im Punkt δ_0 stetig.

Aufgabe 11 D.

a) Falls $\lim_{x \searrow 0} f(x)$ existiert, kann f zu einer stetigen Funktion auf dem abgeschlossenen Intervall $[0, 1]$ fortgesetzt werden, die nach An. 1, §11, Satz 4, dort gleichmäßig stetig ist. Also ist erst recht f auf $]0, 1]$ gleichmäßig stetig.

b) Sei jetzt umgekehrt vorausgesetzt, dass $f :]0, 1] \to \mathbb{R}$ gleichmäßig stetig ist. Wir müssen zeigen, dass $\lim_{x \searrow 0} f(x)$ existiert.

   i) Wir zeigen zunächst, dass f beschränkt ist. Wegen der gleichmäßigen Stetigkeit gibt es zu $\varepsilon = 1$ ein $\delta > 0$, so dass

$$|f(x) - f(x')| < 1$$

für alle $x, x' \in]0, 1]$ mit $|x - x'| < \delta$. Sei $x_0 := \min(\delta, 1)$. Dann gilt für alle x mit $0 < x \leqslant x_0$

$$|f(x) - f(x_0)| < 1, \quad \text{also} \quad |f(x)| < 1 + |f(x_0)|,$$

d.h. f ist beschränkt auf $]0, x_0]$ und auch auf dem kompakten Intervall $[x_0, 1]$, also auf ganz $]0, 1]$.

ii) Sei $x_n \in \,]0,1]$, $n \in \mathbb{N}$, irgend eine Folge mit $\lim x_n = 0$. Da die Folge $(f(x_n))_{n \in \mathbb{N}}$ beschränkt ist, gibt es nach dem Satz von Bolzano-Weierstraß eine Teilfolge $(f(x_{n_k}))$, die gegen eine reelle Zahl c konvergiert. Zur Vereinfachung der Schreibweise bezeichnen wir die Teilfolge wieder mit (x_n). Wir haben also

$$\lim x_n = 0 \quad \text{und} \quad \lim f(x_n) = c.$$

Wir zeigen jetzt, dass für jede Folge $\xi_n \in \,]0,1]$, $n \in \mathbb{N}$, mit $\lim \xi_n = 0$ ebenfalls gilt $\lim f(\xi_n) = c$.

Sei dazu $\varepsilon > 0$ vorgegeben. Wegen $\lim f(x_n) = c$ gibt es ein $N_1 \in \mathbb{N}$ mit

$$|f(x_n) - c| < \frac{\varepsilon}{2} \quad \text{für alle } n \geqslant N_1.$$

Da f gleichmäßig stetig ist, gibt es außerdem ein $\delta > 0$ mit

$$|f(x) - f(x')| < \frac{\varepsilon}{2}$$

für alle $x, x' \in \,]0,1]$ mit $|x - x'| < \delta$. Wegen $\lim x_n = \lim \xi_n = 0$ gibt es ein $N_2 \in \mathbb{N}$ mit

$$x_n < \delta \quad \text{und} \quad \xi_n < \delta \quad \text{für alle } n \geqslant N_2.$$

Für $n \geqslant N := \max(N_1, N_2)$ folgt dann wegen $|\xi_n - x_n| < \delta$

$$|f(\xi_n) - c| \leqslant |f(\xi_n) - f(x_n)| + |f(x_n) - c| < \frac{\varepsilon}{2} + \frac{\varepsilon}{2} = \varepsilon.$$

Damit ist gezeigt $\lim f(\xi_n) = c$, q.e.d.

Aufgabe 11 F.

a) Wir beweisen die Behauptung durch Induktion über r.

Induktionsanfang: $r = 1$.

In diesem Fall ist $\varphi : [a,b] \to \mathbb{R}$ affin-linear, die Behauptung also trivial.

Induktionsschritt: $r \to r+1$.

Sei φ stückweise linear bzgl. der Unterteilung $a = t_0 < t_1 < \ldots < t_r < t_{r+1} = b$.

Nach Induktionsvoraussetzung gibt es eine Funktion φ_1 der Gestalt

$$\varphi_1(x) = \alpha_1 + \beta_1 x + \sum_{j=1}^{r-1} c_j |x - t_j|,$$

so dass $\varphi_1(x) = \varphi(x)$ für alle $x \in [a, t_r]$. Die Differenz $\psi := \varphi - \varphi_1$ ist stetig und es gilt

$$\psi \mid [a, t_r] = 0,$$
$$\psi(x) = \gamma(x - t_r) \quad \text{für alle } x \in [t_r, b],$$

mit einer gewissen Konstanten $\gamma \in \mathbb{R}$. Dann gilt

$$\psi(x) - \tfrac{\gamma}{2}|x - t_r| = \tfrac{\gamma}{2}(x - t_r) \quad \text{für alle } x \in [a, b].$$

Daraus folgt

$$\varphi(x) = \varphi_1(x) + \psi(x) = \alpha + \beta x + \sum_{k=1}^{r} c_k |x - t_k|$$

mit $\alpha := \alpha_1 - \tfrac{\gamma}{2}t_r$, $\beta := \beta_1 + \tfrac{\gamma}{2}$ und $c_r := \tfrac{\gamma}{2}$. Damit ist der Induktionsschritt bewiesen.

b) Wegen der gleichmäßigen Stetigkeit von f gibt es zu $\varepsilon > 0$ ein $\delta > 0$, so dass

$$|f(x) - f(x')| \leqslant \varepsilon \quad \text{für alle } x, x' \in [a, b] \text{ mit } |x - x'| \leqslant \delta.$$

Sei $a = t_0 < t_1 < \ldots < t_{r-1} < t_r = b$ eine Unterteilung des Intervalls $[a, b]$, so dass

$$|t_{k+1} - t_k| \leqslant \delta \quad \text{für } k = 0, \ldots, r.$$

Sei nun $\varphi \in \text{PL}[a, b]$ die stückweise lineare Funktion, deren Graph der Polygonzug ist, der die Punkte $(t_k, f(t_k))$, $0 \leqslant k \leqslant r$, verbindet.

Behauptung. $|f(x) - \varphi(x)| \leqslant \varepsilon$ für alle $x \in [a, b]$.

Beweis hierfür. Zu jedem $x \in [a, b]$ gibt es ein k mit $x \in [t_k, t_{k+1}]$. Sei $M_k := \sup\{f(x) : x \in [t_k, t_{k+1}]\}$. Dann gilt

$$f([t_k, t_{k+1}]) \subset [M_k - \varepsilon, M_k]$$

und ebenfalls

$$\varphi([t_k, t_{k+1}]) \subset [M_k - \varepsilon, M_k]$$

Daraus folgt

$$|f(x) - \varphi(x)| \leqslant \varepsilon \quad \text{q.e.d.}$$

§ 12 Logarithmus und allgemeine Potenz

Aufgabe 12 C.

a) Wir zeigen zunächst, dass die Funktion

$$\sinh : \mathbb{R} \longrightarrow \mathbb{R}, \quad \sinh x = \frac{1}{2}(e^x - e^{-x}),$$

streng monoton wächst. Aus $x < y$ folgt nämlich

$$e^x < e^y \quad \text{und} \quad -e^{-x} < -e^{-y},$$

also

$$\frac{1}{2}(e^x - e^{-x}) < \frac{1}{2}(e^y - e^{-y}).$$

Daraus folgt (nach An. 1, §12, Satz 1), dass sinh für jedes $R > 0$ das Intervall $[-R, R]$ bijektiv auf das Intervall $[-\sinh R, \sinh R]$ abbildet. Da

$$\lim_{x \to \infty} \sinh x = \infty,$$

bildet sinh ganz $\mathbb{R}$ bijektiv auf $\mathbb{R}$ ab. Zur Berechnung von $y := \mathrm{Ar} \sinh x$ gehen wir aus von der Definitionsgleichung

$$\sinh y = x,$$

d.h.

$$e^y - e^{-y} = 2x.$$

Mit $u := e^y$ erhält man daraus $u > 0$ und

$$u - \frac{1}{u} = 2x.$$

Auflösung dieser quadratischen Gleichung für u ergibt

$$u = x + \sqrt{x^2 + 1}$$

wegen der Nebenbedingung $u > 0$. Daraus folgt

$$y = \log u = \log\left(x + \sqrt{x^2 + 1}\right).$$

b) Die strenge Monotonie der Funktion

$$\cosh : \mathbb{R} \longrightarrow \mathbb{R}, \quad \cosh x = \frac{1}{2}(e^x + e^{-x}),$$

auf dem Intervall $[0, \infty[$ kann wie folgt gezeigt werden: Sei $0 \leqslant x < y$. Dann gilt

$$\begin{aligned}
\cosh y - \cosh x &= \frac{1}{2}(e^y - e^x + e^{-y} - e^{-x}) \\
&= \frac{1}{2}(e^y - e^x)(1 - e^{-x-y}) > 0,
\end{aligned}$$

da $e^{-x-y} < e^0 = 1$. Die restlichen Behauptungen werden analog zu Teil a) bewiesen.

Aufgabe 12 G.

a) Nach Definition ist $x^x = e^{x \log x}$. Nach An. 1, §12, Beispiel (12.6), hat man

$$\lim_{x \searrow 0}(x \log x) = 0.$$

Also gilt wegen der Stetigkeit der Exponentialfunktion

$$\lim_{x \searrow 0} x^x = \lim_{x \searrow 0} e^{x \log x} = e^0 = 1.$$

b) Für $n \geqslant 1$ ist

$$\sqrt[n]{n} = n^{1/n} = \frac{1}{(1/n)^{1/n}}.$$

Aus Teil a) folgt

$$\lim_{n \to \infty} \left(\frac{1}{n}\right)^{1/n} = \lim_{x \searrow 0} x^x = 1.$$

Daraus folgt die Behauptung.

Aufgabe 12 H. Mit Induktion zeigt man, dass

$$x_n = a^{2^{-n}} \quad \text{für alle } n \in \mathbb{N},$$

also

$$y_n = \frac{a^{2^{-n}} - 1}{2^{-n}}.$$

Mit $h_n := 2^{-n} \log a$ ergibt sich

$$y_n = \frac{e^{h_n} - 1}{h_n} \log a.$$

Da $\lim\limits_{x \to 0} \frac{e^x - 1}{x} = 1$, vgl. An. 1, Beispiel (12.7), folgt

$$\lim_{n \to \infty} y_n = \log a.$$

Aufgabe 12 I.

a) Zunächst beweist man durch Induktion, dass

$$\prod_{n=2}^{N} \left(1 - \frac{1}{n^2}\right) = \frac{1}{2}\left(1 + \frac{1}{N}\right)$$

für alle $N \in \mathbb{N}$ mit $N \geqslant 2$. Daraus folgt

$$\sum_{n=2}^{N} \log\left(1 - \frac{1}{n^2}\right) = \log\left(\frac{1}{2}\left(1 + \frac{1}{N}\right)\right) = \log\left(1 + \frac{1}{N}\right) - \log 2.$$

Wegen der Stetigkeit des Logarithmus ist

$$\lim_{N \to \infty} \log\left(1 + \frac{1}{N}\right) = \log 1 = 0,$$

also konvergiert $\sum_{n=2}^{\infty} \log\left(1 - \frac{1}{n^2}\right)$ gegen $-\log 2$.

b) Da

$$1 + \frac{1}{n^2} < \frac{1}{1 - \frac{1}{n^2}},$$

für alle $n \in \mathbb{N}$ mit $n \geqslant 2$ folgt

$$0 < \log\left(1 + \frac{1}{n^2}\right) < -\log\left(1 - \frac{1}{n^2}\right).$$

Daher ist die Reihe $-\sum_{n=2}^{\infty} \log\left(1 - \frac{1}{n^2}\right)$ eine Majorante für die Reihe $\sum_{n=2}^{\infty} \log\left(1 + \frac{1}{n^2}\right)$, die deshalb konvergiert.

Aufgabe 12 J. Wir verwenden das Reihenverdichtungskriterium aus Aufgabe 7 K. Mit

$$a_n := \frac{1}{n \log n}, \quad b_n := \frac{1}{n (\log n)^2} \quad \text{für alle } n \in \mathbb{N} \text{ mit } n \geqslant 2$$

wird

$$2^k a_{2^k} = \frac{1}{k \log 2}, \quad 2^k b_{2^k} = \frac{1}{k^2 (\log 2)^2} \quad \text{für alle } k \in \mathbb{N} \text{ mit } k \geqslant 1.$$

Da $\sum_{k=1}^{\infty} \frac{1}{k}$ divergiert und $\sum_{k=1}^{\infty} \frac{1}{k^2}$ konvergiert, folgt die Behauptung.

Aufgabe 12 K.

a) Die stetigen Lösungen der Funktionalgleichung

$$f(x+y) = f(x) + f(y)$$

haben die Gestalt $f(x) = ax$ mit $a \in \mathbb{R}$.

Beweis: Zunächst ist klar, dass die Funktion $x \longmapsto ax$ der Funktionalgleichung genügt. Sei umgekehrt $f : \mathbb{R} \longrightarrow \mathbb{R}$ eine stetige Funktion, die der Funktionalgleichung genügt. Wir setzen

$$a := f(1).$$

Für eine natürliche Zahl $n \geqslant 1$ folgt aus der Funktionalgleichung

$$f(nx) = nf(x),$$

insbesondere $f(n) = na$. Aus der Funktionalgleichung folgt außerdem

$$f(0) = 0$$

und

$$f(-x) = -f(x) \quad \text{für alle } x \in \mathbb{R}.$$

Daher gilt $f(nx) = nf(x)$ für alle $n \in \mathbb{Z}$. Sei $\frac{p}{q} \in \mathbb{Q}$, $p, q \in \mathbb{Z}$, $q \neq 0$. Dann ist

$$pa = f(p) = f\left(q \cdot \frac{p}{q}\right) = qf\left(\frac{p}{q}\right),$$

d.h.

$$f\left(\frac{p}{q}\right) = \frac{p}{q}a.$$

Also gilt $f(x) = f(1)x = ax$ für alle $x \in \mathbb{Q}$. Aus der Stetigkeit von f folgt, dass $f(x) = ax$ für alle $x \in \mathbb{R}$. Denn sei $x \in \mathbb{R}$ beliebig und $(x_n)_{n \in \mathbb{N}}$ eine Folge rationaler Zahlen, die gegen x konvergiert, dann gilt

$$f(x) = f\left(\lim_{n \to \infty} x_n\right) = \lim_{n \to \infty} f(x_n) = \lim_{n \to \infty} ax_n = a \lim_{n \to \infty} x_n = ax.$$

b) Die stetigen Lösungen $g : \mathbb{R}_+^* \longrightarrow \mathbb{R}$ der Funktionalgleichung

$$g(xy) = g(x) + g(y)$$

haben die Gestalt $g(x) = a \log x$ mit $a \in \mathbb{R}$.

Beweis: Wir betrachten die zusammengesetzte Funktion

$$f := g \circ \exp, \quad \mathbb{R} \xrightarrow{\exp} \mathbb{R}_+^* \xrightarrow{g} \mathbb{R}.$$

Diese Funktion genügt dann der Funktionalgleichung

$$f(x + y) = f(x) + f(y)$$

aus Teil a). Es gibt also ein $a \in \mathbb{R}$, so dass $f(y) = ay$ für alle $y \in \mathbb{R}$. Für $x > 0$ ist deshalb

$$g(x) = f(\log x) = a \log x.$$

c) Die stetigen Lösungen $h : \mathbb{R}_+^* \longrightarrow \mathbb{R}$ der Funktionalgleichung

$$h(xy) = h(x)h(y)$$

bestehen aus der Nullfunktion und den Funktionen der Gestalt

$$h(x) = x^a \quad \text{mit } a \in \mathbb{R}.$$

Beweis: Wegen $h(x) = h(\sqrt{x}\sqrt{x}) = h(\sqrt{x})^2$ gilt $h(x) \geqslant 0$ für alle $x \in \mathbb{R}_+^*$. Falls ein $x_0 \in \mathbb{R}_+^*$ existiert mit $h(x_0) = 0$, so folgt

$$h(x) = h\left(\frac{x}{x_0}\right) h(x_0) = 0 \quad \text{für alle } x \in \mathbb{R}_+^*.$$

Wir können also annehmen, dass $h(x) > 0$ für alle $x > 0$. Wir betrachten nun die zusammengesetzte Funktion

$$g := \log \circ h, \quad \mathbb{R}_+^* \xrightarrow{\ h\ } \mathbb{R}_+^* \xrightarrow{\ \log\ } \mathbb{R}.$$

Die Funktion g genügt dann der Funktionalgleichung $g(xy) = g(x) + g(y)$ aus Teil b). Es gibt deshalb ein $a \in \mathbb{R}$ mit $g(x) = a \log x$ für alle $x > 0$. Daraus folgt

$$h(x) = e^{g(x)} = e^{a \log x} = x^a.$$

Bemerkung: Ähnlich wie wir hier die Lösung der Funktionalgleichungen b) und c) auf die Funktionalgleichung a) zurückgeführt haben, kann man die Funktionalgleichung a) auf die Funktionalgleichung

$$F(x+y) = F(x)F(y)$$

aus An. 1, §12, Satz 6, zurückführen und umgekehrt.

§13   Die Exponentialfunktion im Komplexen

Aufgabe 13 A.

a) Wir zeigen zunächst: Besitzt die Gleichung $z^2 = c$ eine Lösung $z = \xi$, so besitzt sie genau zwei Lösungen, nämlich $z = \xi$ und $z = -\xi$.

Beweis: Es ist $\xi^2 = c$, also

$$\begin{aligned}
z^2 = c &\iff z^2 = \xi^2 \\
&\iff (z - \xi)(z + \xi) = 0 \\
&\iff z = \xi \text{ oder } z = -\xi.
\end{aligned}$$

b) Da für jede komplexe Zahl c gilt

$$|\mathrm{Re}(c)| \leqslant |c|,$$

sind

$$\xi_1 := \sqrt{\frac{|c| + \mathrm{Re}(c)}{2}}, \quad \xi_2 := \sigma \sqrt{\frac{|c| - \mathrm{Re}(c)}{2}}$$

wohldefinierte reelle Zahlen. Für

$$\xi := \xi_1 + i\xi_2$$

folgt

$$
\begin{aligned}
\xi^2 &= \xi_1^2 - \xi_2^2 + 2i\xi_1\xi_2 \\
&= \frac{|c| + \operatorname{Re}(c)}{2} - \frac{|c| - \operatorname{Re}(c)}{2} + 2i\sigma\sqrt{\frac{|c|^2 - \operatorname{Re}(c)^2}{4}} \\
&= \frac{|c| + \operatorname{Re}(c)}{2} - \frac{|c| - \operatorname{Re}(c)}{2} + i\sigma\sqrt{|c|^2 - \operatorname{Re}(c)^2} \\
&= \operatorname{Re}(c) + i\sigma\sqrt{\operatorname{Im}(c)^2} \\
&= \operatorname{Re}(c) + i\operatorname{Im}(c) = c.
\end{aligned}
$$

Also ist ξ eine Lösung der Gleichung $z^2 = c$.

Aufgabe 13 C. Der Betrag $|1 - z|$ bedeutet den Abstand des Punktes z von 1, der Betrag $|1 + z| = |-1 - z|$ bedeutet den Abstand des Punktes z von -1. Also besteht die Menge M_1 aus allen Punkten z der Gaußschen Zahlenebene, die von -1 nicht weiter entfernt sind, als von $+1$, d.h. aus der linken Halbebene

$$H := \{z \in \mathbb{C} \ : \ \operatorname{Re}(z) \leqslant 0\}.$$

Diese heuristische Überlegung kann (muss) man durch folgenden exakten Beweis rechtfertigen: Für ein $z = x + iy$, $x, y \in \mathbb{R}$, gilt

$$
\begin{aligned}
z \in M_1 &\Longleftrightarrow |1 - z|^2 \geqslant |1 + z|^2 \\
&\Longleftrightarrow (1 - x)^2 + y^2 \geqslant (1 + x)^2 + y^2 \\
&\Longleftrightarrow (1 - x)^2 \geqslant (1 + x)^2 \\
&\Longleftrightarrow -2x \geqslant 2x \\
&\Longleftrightarrow x \leqslant 0 \\
&\Longleftrightarrow z \in H.
\end{aligned}
$$

M_2 ist die Menge aller Punkte, die von i und von $-i$ den Abstand $\sqrt{2}$ haben. Man erhält

$$M_2 := \{-1, 1\},$$

denn für ein $z = x + iy$, $x, y \in \mathbb{R}$, gilt

$$
\begin{aligned}
z \in M_2 &\iff |z-i|^2 = |z+i|^2 = 2 \\
&\iff x^2 + (y-1)^2 = x^2 + (y+1)^2 = 2 \\
&\iff y = 0 \quad \text{und} \quad x^2 + 1 = 2 \\
&\iff z = -1 \quad \text{oder} \quad z = 1.
\end{aligned}
$$

Aufgabe 13 E. Wir beweisen zunächst folgenden

Hilfssatz: Ist $\gamma_n := \max\limits_{i,j \in \{1,\dots,k\}} |a_{ij}^{(n)}|$, so gilt

$$
\gamma_n \leqslant k^{n-1} \gamma_1^n \quad \text{für alle } n \geqslant 1.
$$

Beweis (durch Induktion nach n).

Induktionsanfang: $n = 1$. Trivial.

Induktionsschritt: $n \longrightarrow n+1$.

Es gilt für alle $i, j \in \{1,\dots,k\}$

$$
a_{ij}^{(n+1)} = \sum_{l=1}^{k} a_{il}^{(n)} a_{lj}^{(1)},
$$

also

$$
|a_{ij}^{(n+1)}| \leqslant k \gamma_n \gamma_1 \overset{\text{(IV)}}{\leqslant} k k^{n-1} \gamma_1^n \gamma_1 = k^n \gamma_1^{n+1}.
$$

Somit ist der Hilfssatz bewiesen. $\qquad\qquad\qquad\qquad\qquad\qquad\qquad$ $\square$

a) Es ist zu zeigen, dass für jedes Paar $(i,j) \in \{1,\dots,k\}^2$ die Reihe

$$
\delta_{ij} + \sum_{n=1}^{\infty} \frac{1}{n!} a_{ij}^{(n)}
$$

konvergiert, wobei

$$
\delta_{ij} = \begin{cases} 1, & \text{falls } i = j, \\ 0, & \text{falls } i \neq j \end{cases}
$$

das Kronecker–Symbol ist. Nach dem eingangs bewiesenen Hilfssatz gilt nun

$$\sum_{n=1}^{\infty} \left| \frac{1}{n!} a_{ij}^{(n)} \right| \leqslant \sum_{n=1}^{\infty} \frac{1}{n!} \gamma_n$$

$$\leqslant \sum_{n=1}^{\infty} \frac{1}{n!} k^{n-1} \gamma_1^n$$

$$= \frac{1}{k} \sum_{n=1}^{\infty} \frac{(k\gamma_1)^n}{n!}$$

$$= \frac{1}{k} \left(\exp(k\gamma_1) - 1 \right),$$

somit konvergiert die Reihe $\sum_{n=1}^{\infty} \frac{1}{n!} a_{ij}^{(n)}$ nach dem Majorantenkriterium (absolut).

b) Um den Beweis wie für die Funktionalgleichung der gewöhnlichen Exponentialfunktion führen zu können (An. 1, §8, Satz 4), benötigen wir den binomischen Lehrsatz für Matrizen: Sind $A, B \in M(k \times k, \mathbb{C})$ zwei Matrizen mit $AB = BA$, so gilt für alle $n \in \mathbb{N}$

$$(A+B)^n = \sum_{m=0}^{n} \binom{n}{m} A^{n-m} B^m.$$

Dies beweist man durch Induktion wie in An. 1, §1, Satz 5, da man wegen $AB = BA$ mit den Matrizen A, B genauso rechnen kann, wie im Beweis jenes Satzes mit den Zahlen x, y. (Für Matrizen A, B mit $AB \neq BA$ gilt der binomische Lehrsatz i.Allg. nicht.) Daraus folgt

$$\sum_{n=0}^{N} \frac{1}{n!} (A+B)^n = \sum_{n=0}^{N} \frac{1}{n!} \sum_{m=0}^{n} \binom{n}{m} A^{n-m} B^m$$

$$= \sum_{n=0}^{N} \sum_{m=0}^{n} \frac{1}{(n-m)! m!} A^{n-m} B^m$$

$$= \sum_{n+m \leqslant N} \frac{A^n}{n!} \cdot \frac{B^m}{m!}.$$

Man zeigt jetzt ähnlich wie in An. 1, §8, Satz 3, dass

$$\lim_{N \to \infty} \sum_{n+m \leqslant N} \frac{A^n}{n!} \cdot \frac{B^m}{m!} = \lim_{N \to \infty} \left(\sum_{n=0}^{N} \frac{A^n}{n!} \right) \left(\sum_{m=0}^{N} \frac{B^m}{m!} \right).$$

Daraus folgt

$$\exp(A+B) = \exp(A)\exp(B).$$

§ 14   Trigonometrische Funktionen

Aufgabe 14 A.

a) Es gilt für alle $k \in \{1, \ldots, n\}$

$$\begin{aligned}
|A_k^{(n)} - A_{k-1}^{(n)}| &= \left| e^{i\frac{k}{n}x} - e^{i\frac{k-1}{n}x} \right| \\
&= \left| e^{i\frac{2k-1}{2n}x} \left(e^{i\frac{x}{2n}} - e^{-i\frac{x}{2n}} \right) \right| \\
&= 2 \left| \frac{e^{i\frac{x}{2n}} - e^{-i\frac{x}{2n}}}{2i} \right| = 2 \left| \sin \frac{x}{2n} \right|,
\end{aligned}$$

also

$$L_n = \sum_{k=1}^{n} \left| A_k^{(n)} - A_{k-1}^{(n)} \right| = 2n \left| \sin \frac{x}{2n} \right|.$$

b) Die zu beweisende Formel ist trivial für $x = 0$. Wir können also $x \neq 0$ voraussetzen. Es gilt

$$2n \sin \frac{x}{2n} = x \cdot \frac{\sin \frac{x}{2n}}{\frac{x}{2n}}.$$

Da $\lim_{h \to 0} \frac{\sin h}{h} = 1$ nach An. 1, §14, Corollar zu Satz 5, folgt

$$\lim_{n \to \infty} \left(2n \sin \frac{x}{2n} \right) = x.$$

Die Aufgabe läßt sich geometrisch wie folgt interpretieren:

Die Polygonzüge $A_0^{(n)} A_1^{(n)} \cdots A_n^{(n)}$ schmiegen sich für $n \longrightarrow \infty$ immer mehr dem Kreisbogen $t \longmapsto e^{it}$, $0 \leqslant t \leqslant x$, (bzw. $x \leqslant t \leqslant 0$, falls $x < 0$) an; nach Teil b) konvergieren ihre Längen L_n gegen $|x|$. Man kann also x als die orientierte Länge dieses Kreisbogens deuten.

Aufgabe 14 B.

a) Wir behandeln zunächst den Fall $x = \frac{\pi}{4}$. Da $\sin x = \cos\left(\frac{\pi}{2} - x\right)$, folgt

$$\sin \frac{\pi}{4} = \cos \frac{\pi}{4}.$$

Andererseits ist

$$\cos^2\left(\frac{\pi}{4}\right) + \sin^2\left(\frac{\pi}{4}\right) = 1,$$

also $\cos^2\left(\frac{\pi}{4}\right) = \frac{1}{2}$. Da der Cosinus im Intervall $\left[0, \frac{\pi}{2}\right[$ positiv ist, folgt

$$\cos \frac{\pi}{4} = \frac{1}{\sqrt{2}} = \frac{\sqrt{2}}{2} = \sin \frac{\pi}{4}$$

und

$$\tan \frac{\pi}{4} = 1.$$

b) Für den Fall $x = \frac{\pi}{3}$ setzen wir

$$z := e^{i\frac{\pi}{3}}.$$

Da

$$0 = z^3 + 1 = (z+1)(z^2 - z + 1)$$

folgt, da $z \neq -1$,

$$z^2 - z + 1 = 0, \text{ also } z + \frac{1}{z} = 1.$$

Da aber

$$z + \frac{1}{z} = e^{i\frac{\pi}{3}} + e^{-i\frac{\pi}{3}} = 2\cos \frac{\pi}{3},$$

erhält man

$$\cos \frac{\pi}{3} = \frac{1}{2}$$

und weiter

$$\sin \frac{\pi}{3} = \frac{\sqrt{3}}{2}, \quad \tan \frac{\pi}{3} = \sqrt{3}.$$

Nun ist

$$\sin \frac{\pi}{6} = \cos \frac{\pi}{3} = \frac{1}{2}, \quad \text{und} \quad \cos \frac{\pi}{6} = \sin \frac{\pi}{3} = \frac{\sqrt{3}}{2},$$

also

$$\tan \frac{\pi}{6} = \frac{1}{\sqrt{3}} = \frac{\sqrt{3}}{3}.$$

c) Zur Berechnung der trigonometrischen Funktionen an der Stelle $x = \frac{\pi}{5}$ setzen wir

$$z := e^{i\frac{\pi}{5}}.$$

Aus $z^5 = e^{i\pi} = -1$ folgt

$$0 = z^5 + 1 = (z+1)(z^4 - z^3 + z^2 - z + 1).$$

Wegen $z \neq -1$ ergibt sich

$$z^4 - z^3 + z^2 - z + 1 = 0,$$

und

$$z^2 - z + 1 - \frac{1}{z} + \frac{1}{z^2} = 0.$$

Substituieren wir hierin

$$u := z + \frac{1}{z} = e^{i\frac{\pi}{5}} + e^{-i\frac{\pi}{5}} = 2\cos\frac{\pi}{5} > 0,$$

erhalten wir

$$u^2 - u - 1 = 0.$$

Diese quadratische Gleichung hat die Lösungen

$$u = \frac{1}{2} \pm \sqrt{1 + \frac{1}{4}} = \frac{1}{2}(1 \pm \sqrt{5}).$$

In unserem Fall kommt nur die positive Lösung in Frage, d.h.

$$\cos\frac{\pi}{5} = \frac{u}{2} = \frac{1 + \sqrt{5}}{4}.$$

Daraus ergibt sich

$$\sin\frac{\pi}{5} = \sqrt{1 - \cos^2\left(\frac{\pi}{5}\right)} = \sqrt{\frac{5 - \sqrt{5}}{8}},$$

$$\tan\frac{\pi}{5} = \sqrt{5 - 2\sqrt{5}}.$$

Bemerkung: Dass die Winkelfunktionen von $\frac{\pi}{5}$ sich allein mit Hilfe von Quadratwurzeln ausdrücken lassen, hängt damit zusammen, dass sich

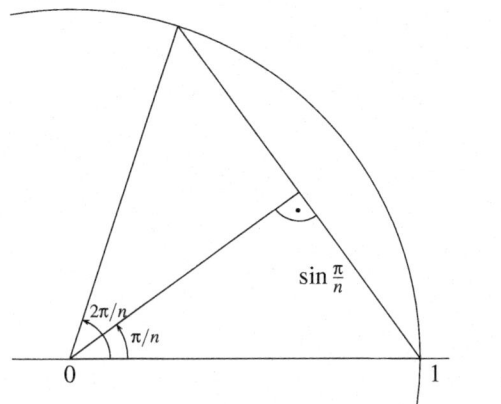

Bild 14.1

das regelmäßige Zehneck mit Zirkel und Lineal konstruieren lässt. Die Seitenlänge des dem Einheitskreis einbeschriebenen regelmäßigen n–Ecks beträgt

$$s_n = 2 \sin \frac{\pi}{n},$$

vgl. Bild 14.1, speziell ist $s_{10} = 2 \sin \frac{\pi}{10}$. Zur Berechnung verwenden wir die Formel

$$\sin^2 \left(\frac{\alpha}{2} \right) = \frac{1 - \cos \alpha}{2}.$$

Es ergibt sich

$$s_{10} = 2 \sin \frac{\pi}{10} = \sqrt{2 - 2 \cos \frac{\pi}{5}} = \sqrt{\frac{6 - 2\sqrt{5}}{4}} = \frac{\sqrt{5} - 1}{2}.$$

Diese Größe kann man wie folgt konstruieren, vgl. Bild 14.2. OAM ist ein rechtwinkliges Dreieck mit den Seitenlängen $\overline{OA} = 1$ und $\overline{OM} = \frac{1}{2}$. Nach dem Satz des Pythagoras ist dann $\overline{AM} = \frac{\sqrt{5}}{2}$. Der Punkt P auf der Strecke AM wird so konstruiert, dass $\overline{MO} = \overline{MP}$. Dann ist

$$\overline{AP} = \frac{\sqrt{5}}{2} - \frac{1}{2} = s_{10}.$$

Das allgemeine Problem, welche regelmäßige n–Ecke mit Zirkel und Lineal konstruiert werden können, ist von C.F. Gauß gelöst worden. (Ins-

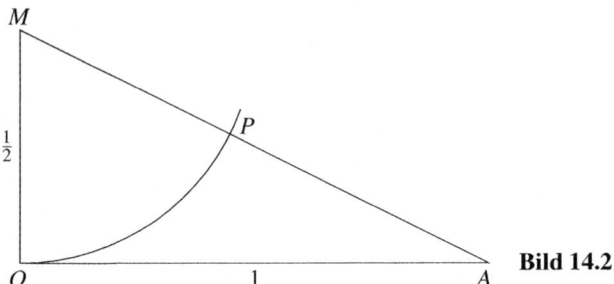

Bild 14.2

besondere ist das regelmäßige Siebzehneck konstruierbar, nicht aber das regelmäßige Siebeneck.) Vgl. dazu

G. Fischer: Lehrbuch der Algebra. Springer Spektrum, 3. Aufl. 2013, Kap. III, §6: *Geometrische Konstruktionen*.

Aufgabe 14 C. Es gilt

$$\cos^3 x = \frac{1}{8}\left(e^{ix} + e^{-ix}\right)^3$$

$$= \frac{1}{8}\left(e^{3ix} + e^{-3ix}\right) + \frac{3}{8}\left(e^{ix} + e^{-ix}\right)$$

$$= \frac{1}{4}\cos(3x) + \frac{3}{4}\cos x.$$

Bemerkungen:

a) Mit $\alpha = 3x$ wird aus der Formel

$$4\left(\cos\frac{\alpha}{3}\right)^3 - 3\cos\frac{\alpha}{3} = \cos\alpha.$$

Die Dreiteilung eines Winkels α ist also mit der Lösung der Gleichung 3. Grades

$$4t^3 - 3t = \cos\alpha$$

äquivalent. Durch Betrachtung dieser Gleichung kann man zeigen, dass für einen allgemeinen Winkel α die Dreiteilung mit Zirkel und Lineal unmöglich ist.

b) Die oben bewiesene Formel lässt sich auch dazu benutzen, um gewisse Gleichungen 3. Grades mit Hilfe von trigonometrischen Funktionen zu lösen. Die allgemeine Gleichung 3. Grades kann man stets so transformieren, dass der Koeffizient von x^2 verschwindet. Wir schreiben die Gleichung in der Gestalt

(1) $x^3 - 3ax = b$

und machen folgende Annahmen:

(2) $a, b \in \mathbb{R}$

(3) $a > 0,$

(4) $b^2 \leqslant 4a^3.$

Dies bedeutet, dass b zwischen dem Maximum und dem Minimum der Funktion $x \longmapsto x^3 - 3ax$ liegt, vgl. Bild 14.3.

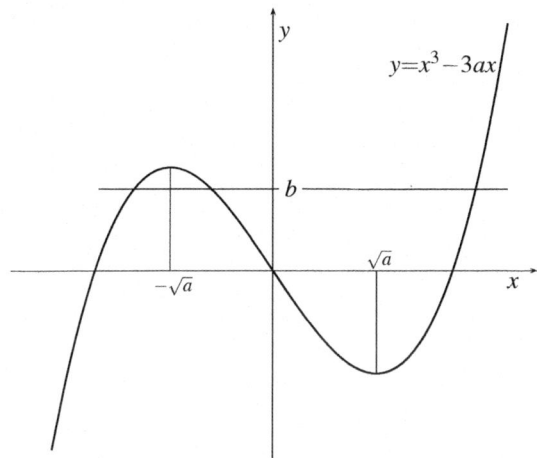

Bild 14.3

Mit der Substitution $x = ct$ wird aus der Gleichung (1)

$$4t^3 - 3 \cdot \frac{4a}{c^2} t = \frac{4b}{c^3}.$$

Setzt man $c := 2\sqrt{a}$, so erhält man

$$4t^3 - 3t = u$$

mit

$$u = \frac{4b}{c^3} = \frac{b}{2\sqrt{a^3}}.$$

Nach Voraussetzung (4) ist $|u| \leqslant 1$, es gibt also ein $\alpha \in [0, \pi]$ mit $u = \cos \alpha$. Die Gleichung $4t^3 - 3t = u$ hat dann die Lösungen

$$t_k = \cos \frac{\alpha + 2k\pi}{3}, \ k = 0, 1, 2.$$

Man überlegt sich leicht, dass t_0, t_1, t_2 untereinander verschieden sind, außer für $u = \pm 1$. Für $u = \pm 1$ gilt $t_0 \neq t_1 = t_2$.

Aufgabe 14 D. Aus dem Additionstheorem für den Cosinus folgt

$$\cos(\alpha + \beta) + \cos(\alpha - \beta) = 2\cos\alpha\cos\beta.$$

Setzt man darin $\alpha = nt$, $\beta = t$, erhält man

$$\cos(n+1)t = 2\cos nt \cos t - \cos(n-1)t.$$

Mit $x := \cos t$ wird daraus

$$T_{n+1}(x) = 2xT_n(x) - T_{n-1}(x).$$

Da $T_0(x) = 1$ und $T_1(x) = x$, erhält man daraus durch Induktion, dass T_n ein Polynom n–ten Grades mit ganzzahligen Koeffizienten ist.

Aufgabe 14 E. Für $x \in \mathbb{R} \setminus \{n\pi/2 : n \in \mathbb{Z}\}$ ist $\sin x \neq 0$, $\sin 2x \neq 0$ und $\cos x \neq 0$, also sind $\cot x$, $\cot 2x$ und $\tan x$ definiert. Mit der Verdoppelungsformel aus An. 1, §14, Satz 3 folgt

$$2\cot 2x = \frac{2\cos 2x}{\sin 2x} = \frac{\cos^2 x - \sin^2 x}{\sin x \cos x} = \frac{\cos x}{\sin x} - \frac{\sin x}{\cos x}$$

$$= \cot x - \tan x, \quad \text{q.e.d.}$$

Aufgabe 14 G. Aus der Voraussetzung über x folgt, dass $u = \tan \frac{x}{2}$ wohldefiniert ist. Mit

$$z := e^{i\frac{x}{2}}$$

wird

$$u = \frac{1}{i} \cdot \frac{z - z^{-1}}{z + z^{-1}},$$

und

$$1 + u^2 = \frac{(z + z^{-1})^2 - (z - z^{-1})^2}{(z + z^{-1})^2} = \frac{4}{(z + z^{-1})^2},$$

also

$$\frac{2u}{1 + u^2} = \frac{1}{2i}(z - z^{-1})(z + z^{-1})$$

$$= \frac{1}{2i}(z^2 - z^{-2}) = \sin x.$$

Die Formel für $\cos x$ beweist man analog.

Bemerkung: Mit Hilfe der Formeln

$$\cos x = \frac{1 - u^2}{1 + u^2}, \quad \sin x = \frac{2u}{1 + u^2}$$

für $u = \tan \frac{x}{2}$ lassen sich alle rationalen Lösungen $(\xi, \eta) \in \mathbb{Q}^2$ der Gleichung

$$(1) \qquad \qquad \xi^2 + \eta^2 = 1$$

bestimmen. Zu jeder Lösung $(\xi, \eta) \in \mathbb{R}^2$ von (1) gibt es nämlich ein $x \in \mathbb{R}$, so dass

$$\xi = \cos x, \quad \eta = \sin x.$$

Mit $u = \tan \frac{x}{2}$ wird dann

$$(2) \qquad \qquad \xi = \frac{1 - u^2}{1 + u^2}, \quad \eta = \frac{2u}{1 + u^2},$$

woraus folgt

$$u = \frac{1 - \xi}{\eta} \quad \text{falls } \eta \neq 0.$$

Daher gilt $(\xi, \eta) \in \mathbb{Q}^2$ genau dann, wenn $u \in \mathbb{Q}$. Daher gibt (2) eine Parameterdarstellung für die rationalen Lösungen von (1) (mit Ausnahme der Lösung $(-1, 0)$, für die $\tan \frac{x}{2}$ nicht definiert ist.)

Durch die Multiplikation mit einem gemeinsamen Nenner erhält man daraus alle „pythagoräischen Tripel", d.h. Tripel ganzer Zahlen p, q, r, die der Gleichung

$$p^2 + q^2 = r^2$$

genügen.

Aufgabe 14 H. Aus Aufgabe 14 G folgt

$$\tan\alpha = \frac{2\tan\left(\frac{\alpha}{2}\right)}{1-\tan^2\left(\frac{\alpha}{2}\right)}$$

und daraus

$$\tan\frac{\alpha}{2} = \frac{\tan\alpha}{1+\sqrt{1+\tan^2\alpha}} \quad \text{für } |\alpha| < \frac{\pi}{2}.$$

Wir setzen $u = \arctan x$, d.h. $x = \tan u$. Aus der Rekursionsformel

$$x_{n+1} = \frac{x_n}{1+\sqrt{1+x_n^2}}$$

ergibt sich durch Induktion

$$x_n = \tan\frac{u}{2^n}.$$

Aus An. 1, Corollar zu §14, Satz 5, folgt

$$\lim_{h\to 0}\frac{\tan h}{h} = \lim_{h\to 0}\left(\frac{\sin h}{h}\cdot\frac{1}{\cos h}\right) = 1.$$

Daraus folgt für alle $u \in \mathbb{R}$

$$\lim_{h\to 0}\frac{\tan(uh)}{h} = u.$$

Also ist

$$\lim_{n\to\infty} 2^n x_n = \lim_{n\to\infty}\frac{\tan(2^{-n}u)}{2^{-n}} = u = \arctan x.$$

Aufgabe 14 J. Sei

$$E := \begin{pmatrix} 1 & 0 \\ 0 & 1 \end{pmatrix} \quad \text{und} \quad I := \begin{pmatrix} 0 & -1 \\ 1 & 0 \end{pmatrix}.$$

Man beweist leicht durch Induktion

$$I^{2k} = (-1)^k E, \quad I^{2k+1} = (-1)^k I$$

für alle $k \in \mathbb{N}$. Nun ist

$$\exp\begin{pmatrix} 0 & -t \\ t & 0 \end{pmatrix} = \exp(tI) = \sum_{n=0}^{\infty}\frac{t^n}{n!}I^n = \begin{pmatrix} a_{11}(t) & a_{12}(t) \\ a_{21}(t) & a_{22}(t) \end{pmatrix}$$

mit

$$a_{11}(t) = a_{22}(t) = \sum_{k=0}^{\infty} \frac{(-1)^k}{(2k)!} t^{2k} = \cos t,$$

$$a_{21}(t) = -a_{12}(t) = \sum_{k=0}^{\infty} \frac{(-1)^k}{(2k+1)!} t^{2k+1} = \sin t.$$

§ 15 Differentiation

Aufgabe 15 A. Wir behandeln als Beispiel nur die Funktion f_1. Die Lösung wird besonders einfach, wenn man die „logarithmische Ableitung" benutzt: Ist $h : I \longrightarrow \mathbb{R}_+^*$ eine differenzierbare Funktion auf dem Intervall $I \subset \mathbb{R}$, so gilt nach der Kettenregel

$$\frac{d}{dx} \log h(x) = \frac{h'(x)}{h(x)},$$

also

$$h'(x) = h(x) \frac{d}{dx} \log h(x).$$

Wir wenden dies zunächst auf die Funktion

$$g : \mathbb{R}_+^* \longrightarrow \mathbb{R}_+^*, \ g(x) := x^x,$$

an und erhalten

$$g'(x) = g(x) \frac{d}{dx}(x \log x) = g(x)(\log x + 1).$$

Daraus folgt weiter für $f_1(x) = x^{g(x)}$

$$\begin{aligned}
f_1'(x) &= f_1(x) \frac{d}{dx}(g(x) \log x) \\
&= f_1(x) \left(g(x)(\log x + 1) \log x + \frac{g(x)}{x} \right) \\
&= f_1(x) g(x) \left((\log x)^2 + \log x + \frac{1}{x} \right),
\end{aligned}$$

d.h.

$$\frac{d}{dx} x^{(x^x)} = \left((\log x)^2 + \log x + \frac{1}{x} \right) x^x x^{(x^x)}.$$

Analog erhält man für die anderen Funktionen

$$\frac{d}{dx}(x^x)^x = x(2\log x + 1)(x^x)^x,$$

$$\frac{d}{dx}x^{(x^a)} = (a\log x + 1)x^{a-1}x^{(x^a)},$$

$$\frac{d}{dx}x^{(a^x)} = \left(\log a \log x + \frac{1}{x}\right)a^x x^{(a^x)},$$

$$\frac{d}{dx}a^{(x^x)} = \log a(\log x + 1)x^x a^{(x^x)}.$$

Aufgabe 15 C. Differenzieren wir die Funktion

$$f(x) = \frac{\sin x}{\sqrt{x}} = \sin x \cdot \frac{1}{\sqrt{x}}$$

mit der Produktregel, erhalten wir

$$f'(x) = \frac{\cos x}{\sqrt{x}} - \frac{1}{2} \cdot \frac{\sin x}{\sqrt{x^3}},$$

$$f''(x) = -\frac{\sin x}{\sqrt{x}} - \frac{\cos x}{\sqrt{x^3}} + \frac{3}{4} \cdot \frac{\sin x}{\sqrt{x^5}}.$$

Damit ergibt sich

$$\sqrt{x}f''(x) = -\sin x - \frac{\cos x}{x} + \frac{3}{4} \cdot \frac{\sin x}{x^2},$$

$$\sqrt{x}\frac{1}{x}f'(x) = \frac{\cos x}{x} - \frac{1}{2} \cdot \frac{\sin x}{x^2},$$

$$\sqrt{x}\left(1 - \frac{1}{4x^2}\right)f(x) = \sin x - \frac{1}{4} \cdot \frac{\sin x}{x^2}.$$

Durch Addieren dieser Gleichungen erhält man

$$\sqrt{x}\left(f''(x) + \frac{1}{x}f'(x) + \left(1 - \frac{1}{4x^2}\right)f(x)\right) = 0, \quad \text{q.e.d.}$$

Bemerkung: Eine Funktion $Z : \mathbb{R}_+^* \longrightarrow \mathbb{C}$, die der „Besselschen Differential-gleichung" der Ordnung p,

$$Z''(x) + \frac{1}{x}Z'(x) + \left(1 - \frac{p^2}{x^2}\right)Z(x) = 0$$

genügt, heißt Zylinderfunktion der Ordnung p. Die vorliegende Aufgabe zeigt also, dass die Funktion

$$\mathbb{R}_+^* \longrightarrow \mathbb{R}, \quad x \longmapsto \frac{\sin x}{\sqrt{x}}$$

eine Zylinderfunktion der Ordnung $p = \frac{1}{2}$ ist.

Aufgabe 15 D. Es ist klar, dass f auf $\mathbb{R}^*$ beliebig oft differenzierbar ist und dass für alle $k \in \{1, \ldots, n\}$ gilt

$$f^{(k)}(x) = \begin{cases} 0, & \text{falls } x < 0, \\ c_k x^{n+1-k}, & \text{falls } x > 0, \end{cases}$$

wobei

$$c_k = \prod_{m=n-k+2}^{n+1} m.$$

Wir zeigen jetzt durch Induktion, dass die k–te Ableitung von f für alle $k \in \{1, \ldots, n\}$ auch im Nullpunkt existiert und dass gilt

$$f^{(k)}(0) = 0 \quad \text{für alle } k \in \{0, \ldots, n\}.$$

Dann ist $f^{(k)}$ auf ganz $\mathbb{R}$ stetig.

Induktionsanfang: $k = 0$.

Trivial, denn $f^{(0)}(0) = f(0) = 0$.

Induktionsschritt: $k \longrightarrow k+1, \ (k < n)$.

Wir haben zu zeigen, dass der Differenzenquotient

$$\frac{f^{(k)}(x) - f^{(k)}(0)}{x - 0}$$

für $x \longrightarrow 0$ gegen Null konvergiert. Es ist

$$\left| \frac{f^{(k)}(x) - f^{(k)}(0)}{x - 0} \right| \leqslant \left| \frac{c_k x^{n-k+1}}{x} \right| = \left| c_k x^{n-k} \right|.$$

Da $n - k \geqslant 1$, strebt dies für $x \longrightarrow 0$ gegen Null.

Aufgabe 15 E. Für $x \neq 0$ ist g Komposition und Produkt differenzierbarer Funktionen und daher nach der Produkt– und Kettenregel selbst wieder differenzierbar. Für $x \neq 0$ gilt außerdem

$$g'(x) = 2x\cos\frac{1}{x} - x^2 \sin\frac{1}{x}\left(-\frac{1}{x^2}\right)$$

$$= 2x\cos\frac{1}{x} + \sin\frac{1}{x}.$$

Zum Nachweis der Differenzierbarkeit im Nullpunkt wird gezeigt, dass der Limes der Differentialquotienten existiert. Sei $h \neq 0$. Dann ist

$$\frac{g(h) - g(0)}{h} = \frac{h^2 \cos\frac{1}{h}}{h} = h\cos\frac{1}{h}.$$

Wegen $\left|\cos\frac{1}{h}\right| \leqslant 1$ gilt

$$\lim_{\substack{h \to 0 \\ h \neq 0}}\left(h\cos\frac{1}{h}\right) = 0.$$

Also ist g auch im Nullpunkt differenzierbar, und es gilt $g'(0) = 0$.

g ist ein Beispiel für eine differenzierbare Funktion, deren Ableitung nicht stetig ist, denn der Grenzwert $\lim_{x \to 0} g'(x)$ existiert nicht, da $\lim_{x \to 0} \sin\frac{1}{x}$ nicht existiert.

Aufgabe 15 H. Es ergibt sich für alle $x \in \mathbb{R}$

$$\sinh' x = \cosh x, \quad \cosh' x = \sinh x, \quad \tanh' x = \frac{1}{\cosh^2(x)}.$$

Bemerkung: Diese Formeln sind analog denen für die trigonometrischen Funktionen, jedoch insofern einfacher als erstens kein Minuszeichen auftritt und zweitens die Funktion cosh nirgends null wird.

Aufgabe 15 I. Es gilt

$$\tanh x = \frac{\sinh x}{\cosh x} = \frac{1 - e^{-2x}}{1 + e^{-2x}}.$$

Für $x < x'$ ist $e^{-2x} > e^{-2x'}$, also

$$\tanh x = \frac{1 - e^{-2x}}{1 + e^{-2x}} < \frac{1 - e^{-2x'}}{1 + e^{-2x'}} = \tanh x',$$

d.h. tanh ist streng monoton wachsend. Außerdem folgt

$$\lim_{x \to \infty} \tanh x = 1.$$

Aus der Darstellung

$$\tanh x = \frac{e^{2x} - 1}{e^{2x} + 1}$$

erkennt man , dass

$$\lim_{x \to -\infty} \tanh x = -1.$$

Daraus folgt, dass tanh ganz $\mathbb{R}$ auf das Intervall $]-1, 1[$ bijektiv abbildet. Wegen $\tanh'(x) \neq 0$ für alle $x \in \mathbb{R}$ ist nach An. 1, §15, Satz 3, die Umkehrfunktion Ar tanh in jedem Punkt $x \in]-1, 1[$ differenzierbar und es gilt mit $y = \text{Ar tanh}\, x$

$$\begin{aligned}
\text{Ar tanh}'(x) &= \frac{1}{\tanh'(y)} = \cosh^2(y) \\
&= \frac{\cosh^2(y)}{\cosh^2(y) - \sinh^2(y)} = \frac{1}{1 - \tanh^2(y)} \\
&= \frac{1}{1 - x^2}.
\end{aligned}$$

Aufgabe 15 J. Wir behandeln nur Teil a). Mit der Abkürzung D^k für $\frac{d^k}{dx^k}$ lautet die Behauptung

$$D^n(fg) = \sum_{k=0}^{n} \binom{n}{k} (D^{n-k} f)(D^k g).$$

Diese Formel erinnert an den binomischen Lehrsatz und kann auch analog dazu mittels vollständiger Induktion bewiesen werden.

Induktionsanfang: $n = 0$.

Trivial.

Induktionsschritt: $n \longrightarrow n+1$.

$$D^{n+1}(fg) = D(D^n(fg))$$

$$\overset{(IV)}{=} D\left(\sum_{k=0}^{n} \binom{n}{k} D^{n-k} f D^k g\right)$$

$$= \sum_{k=0}^{n} \binom{n}{k} (D^{n+1-k} f D^k g + D^{n-k} f D^{k+1} g)$$

$$= (D^{n+1}f)g + \sum_{k=1}^{n} \left\{ \binom{n}{k} + \binom{n}{k-1} \right\} D^{n+1-k} f D^k g$$

$$+ \binom{n}{n} f D^{n+1} g$$

$$= \binom{n+1}{0} D^{n+1} f D^0 g + \sum_{k=1}^{n} \binom{n+1}{k} D^{n+1-k} f D^k g$$

$$+ \binom{n+1}{n+1} D^0 f D^{n+1} g$$

$$= \sum_{k=0}^{n+1} \binom{n+1}{k} D^{n+1-k} f D^k g.$$

Bemerkung: Man kann übrigens aus der Leibnizschen Formel und der Funktionalgleichung der Exponentialfunktion den Binomischen Lehrsatz zurückgewinnen. Wir gehen dazu aus von der Formel

$$\left(\frac{d}{dt}\right)^k e^{t\xi} = \xi^k e^{t\xi},$$

wobei $\xi \in \mathbb{R}$ eine beliebige Konstante ist. Anwendung von $\left(\frac{d}{dt}\right)^n$ auf beide Seiten der Gleichung

$$e^{t(x+y)} = e^{tx} e^{ty}$$

liefert

$$(x+y)^n e^{t(x+y)} = \sum_{k=0}^{n} \binom{n}{k} x^{n-k} e^{tx} y^k e^{ty}.$$

Setzt man hierin $t = 0$, erhält man den Binomischen Lehrsatz.

Aufgabe 15 K.

a) Sei $\sigma : \mathbb{R} \longrightarrow \mathbb{R}$ die Spiegelung am Nullpunkt, d.h.

$$\sigma(x) = -x \quad \text{für } x \in \mathbb{R}.$$

Es gilt $\sigma'(x) = -1$ für alle $x \in \mathbb{R}$. Eine Funktion $f : \mathbb{R} \longrightarrow \mathbb{R}$ ist offenbar genau dann gerade (bzw. ungerade), wenn

$$f = f \circ \sigma \quad (\text{bzw. } f = -f \circ \sigma).$$

Ist f differenzierbar, so folgt aus der Kettenregel

$$f \text{ gerade} \implies f' = (f \circ \sigma)' = (f' \circ \sigma)\sigma' = -f' \circ \sigma,$$
$$f \text{ ungerade} \implies f' = -(f \circ \sigma)' = f' \circ \sigma.$$

Daraus folgt die Behauptung.

b) Gilt $a_{2k+1} = 0$ (bzw. $a_{2k} = 0$) für alle k, so folgt direkt $f(x) = f(-x)$ (bzw. $f(x) = -f(x)$) für alle $x \in \mathbb{R}$. Die Umkehrung beweisen wir durch Induktion nach dem Grad n.

Induktionsanfang: $n = 0$.

Trivial.

Induktionsschritt: $(n-1) \longrightarrow n$.

$$f'(x) = a_1 + 2a_2 x + \ldots + n a_n x^{n-1} \quad \text{für alle } x \in \mathbb{R}.$$

Ist f gerade (bzw. ungerade), so ist nach Teil a) die Funktion f' ungerade (bzw. gerade), also nach Induktionsvoraussetzung

$$a_{2k+1} = 0 \quad \text{für alle } k \geqslant 0, \quad (\text{bzw. } a_{2k} = 0 \quad \text{für alle } k \geqslant 1).$$

Außerdem gilt, falls f ungerade ist, $f(0) = -f(0) = 0$, d.h. $a_0 = 0$. Daraus folgt die Behauptung.

§ 16 Lokale Extrema. Mittelwertsatz. Konvexität

Aufgabe 16 A. Da $\lim\limits_{x \to \infty} f(x) = 0$, gibt es ein $R > 1$, so dass

$$f(x) < f(1) = \frac{1}{e} \quad \text{für alle } x \geqslant R.$$

Falls daher f in einem Punkt $x_0 \in \mathbb{R}_+$ sein (absolutes) Maximum annimmt, gilt $x_0 \in [0, R]$. Andererseits gibt es tatsächlich einen solchen Punkt x_0, da eine stetige Funktion auf einem beschränkten abgeschlossenen Intervall ihr Maximum annimmt (An. 1, §11, Satz 2). Es ist sogar $x_0 \in \,]0, R[$, daher hat f in x_0 auch ein relatives Extremum, also ist $f'(x_0) = 0$. Nun ist

$$f'(x) = nx^{n-1}e^{-x} - x^n e^{-x} = (n-x)x^{n-1}e^{-x},$$

d.h. $x = n$ ist die einzige Nullstelle von f' in $\mathbb{R}_+^*$. Daher ist $x_0 = n$, und diese Stelle ist zugleich das einzige relative Maximum.

Aufgabe 16 D. Wir schicken der Behandlung von Teil a) einen kurzen Beweis der Tatsache voraus, dass ein Polynom n–ten Grades

$$f(z) = c_n z^n + c_{n-1} z^{n-1} + \ldots + c_0, \quad (c_k \in \mathbb{C},\, c_n \neq 0),$$

höchstens n paarweise verschiedene Nullstellen $z_1, \ldots, z_n \in \mathbb{C}$ besitzen kann.

Beweis durch Induktion nach n.

Induktionsanfang: $n = 0$.

Trivial.

Induktionsschritt: $(n-1) \longrightarrow n$.

Annahme: f hat $n+1$ paarweise verschiedene Nullstellen $z_1, \ldots, z_{n+1} \in \mathbb{C}$. Wir betrachten das Polynom

$$g(z) := f(z) - c_n \prod_{k=1}^{n}(z - z_k).$$

Dieses Polynom hat einen Grad $\leqslant (n-1)$ und verschwindet an den Stellen $z_1, \ldots, z_n$, muss also nach Induktionsvoraussetzung identisch null sein, d.h.

$$f(z) = c_n \prod_{k=1}^{n}(z - z_k).$$

Daraus folgt aber $f(z_{n+1}) \neq 0$, Widerspruch.   ⌐

a) Für den Beweis kann man natürlich auf den Faktor $\frac{1}{2^n n!}$ verzichten. Wi setzen

$$F_n(x) = D^n[(x^2 - 1)^n],$$

wobei $D^n = \left(\frac{d}{dx}\right)^n$. Es ist klar, dass F_n ein Polynom n–ten Grades ist. Wir halten n fest und beweisen die folgende Aussage (A.k) für $k = 0, \ldots, n$ durch Induktion.

(A.k)
$$\left\{\begin{array}{l} \text{Es gilt} \\[1mm] \qquad F_{nk}(x) := D^k(x^2 - 1)^n = g_k(x)(x^2 - 1)^{n-k}, \\[1mm] \text{wobei } g_k \text{ ein Polynom } k\text{–ten Grades mit } k \text{ verschiedenen} \\[1mm] \text{Nullstellen im Intervall }]-1, 1[\text{ ist.} \end{array}\right.$$

Induktionsanfang: $k = 0$.

Trivial.

Induktionsschritt: $k \longrightarrow k + 1$.

Die Aussage sei für $k < n$ schon bewiesen. Die Funktion F_{nk} hat genau $k + 2$ Nullstellen

$$-1 = x_0 < x_1 < \ldots < x_k < x_{k+1} = 1.$$

Aus dem Satz von Rolle folgt dann, dass die Funktion $F'_{nk} = F_{n,k+1}$ mindestens $k + 1$ Nullstellen y_i mit

$$x_{i-1} < y_i < x_i, \ i = 1, \ldots k + 1$$

hat. Andererseits ist

$$F_{n,k+1}(x) = F'_{nk}(x) = g_{k+1}(x)(x^2 - 1)^{n-k-1}$$

mit

$$g_{k+1}(x) = g'_k(x)(x^2 - 1) + 2(n-k)x g_k(x).$$

g_{k+1} ist also ein Polynom vom Grad $k + 1$ mit den Nullstellen y_1, …, y_{k+1}. Nach der Vorbemerkung kann g_{k+1} keine weiteren Nullstellen haben.
Da $F_{nn} = F_n$, folgt aus (A.n) die Behauptung.

b) Nach der Leibnizformel (vgl. Aufgabe 15 J) gilt

$$D^{n+1}[(x^2 - 1)D(x^2 - 1)^n]$$
$$= (x^2 - 1)D^{n+2}(x^2 - 1)^n + (n+1)2x D^{n+1}(x^2 - 1)^n$$
$$+ \frac{n(n+1)}{2} 2 D^n(x^2 - 1)^n$$
$$= (x^2 - 1)F''_n + (n+1)2x F'_n + n(n+1)F_n.$$

Andererseits ist

$$D^{n+1}[(x^2-1)D(x^2-1)^n]$$
$$= D^{n+1}[(x^2-1)2nx(x^2-1)^{n-1}]$$
$$= 2nD^{n+1}[x(x^2-1)^n]$$
$$= 2nxD^{n+1}(x^2-1)^n + 2n(n+1)D^n(x^2-1)^n$$
$$= 2nxF_n' + 2n(n+1)F_n.$$

Zusammen erhält man

$$(x^2-1)F_n'' + (n+1)2xF_n' + n(n+1)F_n = 2nxF_n' + 2n(n+1)F_n,$$

also

$$(1-x^2)F_n'' - 2xF_n' + n(n+1)F_n = 0.$$

Aufgabe 16 E. Sei $a \in D$ ein beliebiger Punkt. Da das Intervall D offen ist, gibt es ein $r > 0$, so dass

$$[a-r, a+r] \subset D.$$

Wir setzen

$$c := f(a), \quad c_1 := f(a-r), \quad c_2 := f(a+r).$$

Dann gilt für alle $0 \leqslant t \leqslant 1$

(1) $(1+t)c - tc_2 \leqslant f(a-tr) \leqslant (1-t)c + tc_1,$

(2) $(1+t)c - tc_1 \leqslant f(a+tr) \leqslant (1-t)c + tc_2,$

vgl. Bild 16.1. Aus diesen Ungleichungen folgt die Stetigkeit von f im Punkt a, da

$$\lim_{x \to a} f(x) = \lim_{h \to 0} f(a+hr) = c = f(a).$$

Beweis von (1) *und* (2): Die Ungleichung

$$f(a-tr) \leqslant (1-t)c + tc_1, \ (0 \leqslant t \leqslant 1),$$

folgt direkt aus der Definition der Konvexität im Intervall $[a-r, a]$. Zum Beweis der anderen Ungleichung betrachten wir das Intervall

$$[a-tr, a+r], \ (t \in [0,1] \text{ fest}).$$

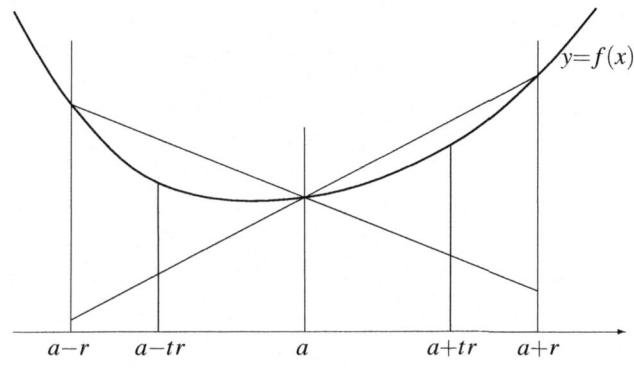

Bild 16.1

Da
$$a = \frac{1}{1+t}(a-tr) + \frac{t}{1+t}(a+r),$$

folgt aus der Konvexität von f

$$f(a) \leqslant \frac{1}{1+t}f(a-tr) + \frac{t}{1+t}f(a+r),$$

also

$$(1+t)c \leqslant f(a-tr) + tc_2.$$

Die Behauptung (2) wird analog bewiesen.   □

Aufgabe 16 G. Um die Schreibweise zu vereinfachen, können wir o.B.d.A. annehmen, dass $a = 0$.

Wir behandeln zunächst den Spezialfall

$$f(0) = f'(0) = f''(0) = 0.$$

Die Funktion $\varphi : \;]{-}\varepsilon, \varepsilon[\; \longrightarrow \mathbb{R}$ werde definiert durch

$$\varphi(x) := \begin{cases} \dfrac{f'(x)}{x}, & \text{falls } 0 < |x| < \varepsilon, \\[2mm] 0, & \text{falls } x = 0. \end{cases}$$

Da $f''(0) = 0$, folgt

$$\lim_{x \to 0} \varphi(x) = 0.$$

Sei

$$\psi(h) := \sup_{|x| \leqslant h} |\varphi(x)| \quad \text{für } |h| < \varepsilon.$$

Es gilt ebenfalls

$$\lim_{h \to 0} \psi(h) = 0.$$

Aus der Abschätzung

$$|f'(x)| \leqslant \psi(h)h \quad \text{für } |x| \leqslant h$$

ergibt sich nach An. 1, §16, Corollar 2 zu Satz 2,

$$|f(h)| \leqslant \psi(h)h^2 \quad \text{für alle } |h| < \varepsilon.$$

Also ist

$$\left| \frac{f(h) - 2f(0) + f(-h)}{h^2} \right| \leqslant 2\psi(h)$$

woraus die Behauptung folgt.

Sei jetzt $f : \,]-\varepsilon, \varepsilon[\, \longrightarrow \mathbb{R}$ eine beliebige zweimal differenzierbare Funktion mit

$$f(0) =: c_0, \ f'(0) =: c_1, \ f''(0) =: c_2.$$

Für die Funktion

$$g(x) := f(x) - \left(c_0 + c_1 x + \frac{c_2}{2} x^2 \right)$$

gilt dann

$$g(0) = g'(0) = g''(0) = 0$$

und

$$\frac{f(h) - 2f(0) + f(-h)}{h^2} = \frac{g(h) - 2g(0) + g(-h)}{h^2} + c_2.$$

Daraus folgt

$$\lim_{h \to 0} \frac{f(h) - 2f(0) + f(-h)}{h^2} = c_2 = f''(0), \quad \text{q.e.d.}$$

Aufgabe 16 H. Wir betrachten die Funktion $F : [a,b] \longrightarrow \mathbb{R}$,

$$F(x) := (f(b) - f(a))g(x) - (g(b) - g(a))f(x).$$

Es gilt
$$F(a) = f(b)g(a) - g(b)f(a) = F(b).$$

Nach dem Satz von Rolle existiert also ein $\xi \in {]}a,b[$ mit $F'(\xi) = 0$. Daraus folgt die Behauptung.

Bemerkung: Gilt $g'(x) \neq 0$ für alle $x \in {]}a,b[$, so folgt $g(a) \neq g(b)$ und man kann die Formel in der suggestiven Form

$$\frac{f(b) - f(a)}{g(b) - g(a)} = \frac{f'(\xi)}{g'(\xi)}$$

schreiben. Diese Formel lässt sich jedoch nicht direkt durch Quotientenbildung aus dem Mittelwertsatz für die einzelnen Funktionen f und g beweisen. Dieser liefert nämlich nur Stellen $\xi_1, \xi_2 \in {]}a,b[$ mit

$$\frac{f(b) - f(a)}{b - a} = f'(\xi_1), \quad \frac{g(b) - g(a)}{b - a} = g'(\xi_2),$$

und i.Allg. sind ξ_1 und ξ_2 verschieden.

Aufgabe 16 I.

I) Wir behandeln zunächst den Fall, dass in Bedingung c)

$$\lim_{x \searrow a} f(x) = \lim_{x \searrow a} g(x) = 0$$

erfüllt ist. Dann lassen sich f und g stetig auf das Intervall $[a,b[$ fortsetzen mit $f(a) = g(a) = 0$. Aus dem verallgemeinerten Mittelwertsatz (vgl. Aufgabe 16 H) folgt

$$\frac{f(x)}{g(x)} = \frac{f(x) - f(a)}{g(x) - g(a)} = \frac{f'(\xi)}{g'(\xi)}$$

mit einem $\xi \in {]}a,x[$. (Es ist $g(x) \neq 0$ für $x > a$, da $g'(\xi) \neq 0$ in]a,b[.) Daher ist

$$\lim_{x \searrow a} \frac{f(x)}{g(x)} = \lim_{\xi \searrow a} \frac{f'(\xi)}{g'(\xi)} = c.$$

II) Jetzt sei in c) die Bedingung

$$\lim_{x \searrow a} |g(x)| = \infty$$

erfüllt. Zu vorgegebenen $\varepsilon > 0$ existiert ein $\delta > 0$, so dass $a + \delta < b$ und

$$\left| \frac{f'(\xi)}{g'(\xi)} - c \right| \leqslant \frac{\varepsilon}{2} \quad \text{für alle } \xi \in \,]a, a + \delta].$$

Nach dem verallgemeinerten Mittelwertsatz folgt daraus

$$\left| \frac{f(x) - f(a + \delta)}{g(x) - g(a + \delta)} - c \right| \leqslant \frac{\varepsilon}{2} \quad \text{für alle } x \in \,]a, a + \delta].$$

Sei $\alpha := f(a + \delta)$, $\beta := g(a + \delta)$. Wegen der obigen Abschätzung gibt es eine Konstante $M \in \mathbb{R}_+$, so dass

$$\left| \frac{f(x) - \alpha}{g(x) - \beta} \right| \leqslant M \quad \text{für alle } x \in \,]a, a + \delta].$$

Da $\lim\limits_{x \searrow a} |g(x)| = \infty$, folgt damit die Existenz eines δ_1, $0 < \delta_1 \leqslant \delta$, mit

$$\left| \frac{f(x)}{g(x)} - \frac{f(x) - \alpha}{g(x) - \beta} \right| \leqslant \frac{\varepsilon}{2} \quad \text{für alle } x \in \,]a, a + \delta_1].$$

Insgesamt erhält man

$$\left| \frac{f(x)}{g(x)} - c \right| \leqslant \frac{\varepsilon}{2} + \frac{\varepsilon}{2} = \varepsilon \quad \text{für alle } x \in \,]a, a + \delta_1].$$

Aufgabe 16 J. Wir logarithmieren die Funktion F_a:

$$\log F_a(x) = x \log (2 - a^{1/x}).$$

Mit der Substitution $t := 1/x$ erhalten wir die Funktion

$$G_a(t) := \log F_a(1/t) = \frac{\log (2 - a^t)}{t} = \frac{f(t)}{t},$$

wobei $f(t) := \log (2 - a^t)$. Das Verhalten von $G_a(t)$ für $t \to 0$ und $t \to \infty$ kann mit den Hospital'schen Regeln bestimmt werden.

Die Ableitung des Zählers ist

$$f'(t) = \frac{d}{dt} \log (2 - a^t) = -\frac{1}{2 - a^t} \cdot \frac{da^t}{dt} = \frac{-(\log a) a^t}{2 - a^t}$$

1) Für den Grenzübergang $t \to 0$ gilt

$$\lim_{t \to 0} f(t) = \lim_{t \to 0} \log(2 - a^t) = \log(2 - 1) = \log 1 = 0$$

und

$$\lim_{t \to 0} f'(t) = -\lim_{t \to 0} \frac{(\log a)a^t}{2 - a^t} = -\frac{(\log a)a^0}{2 - a^0} = -\log a,$$

also folgt

$$\lim_{t \to 0} G_a(t) = \lim_{t \to 0} \frac{f(t)}{t} = \lim_{t \to 0} f'(t) = -\log a.$$

Dies bedeutet

$$\lim_{x \to \infty} \log F_a(x) = \lim_{x \to \infty} G_a(1/x) = -\log a,$$

woraus folgt

$$\lim_{x \to \infty} F_a(x) = e^{-\log a} = \frac{1}{a}.$$

2) Für den Grenzübergang $t \to \infty$ gilt mit $b := 1/a > 1$

$$\lim_{t \to \infty} f'(t) = \lim_{t \to \infty} \frac{-(\log a)a^t}{2 - a^t} = \lim_{t \to \infty} \frac{\log b}{2b^t - 1} = 0,$$

Deshalb folgt mit de l'Hospital

$$\lim_{t \to \infty} G_a(t) = \lim_{t \to \infty} \frac{f(t)}{t} = \lim_{t \to \infty} f'(t) = 0.$$

Das bedeutet

$$\lim_{x \searrow 0} \log F_a(x) = \lim_{x \searrow 0} G_a(1/x) = 0,$$

also

$$\lim_{x \searrow 0} F_a(x) = e^0 = 1.$$

§ 17   Numerische Lösung von Gleichungen

Aufgabe 17 A. Sei $k > 0$ fest, $a := \left(k - \frac{1}{2}\right)\pi$, $b := \left(k + \frac{1}{2}\right)\pi$ und $m := k\pi$ der Mittelpunkt des Intervalls $]a, b[$.

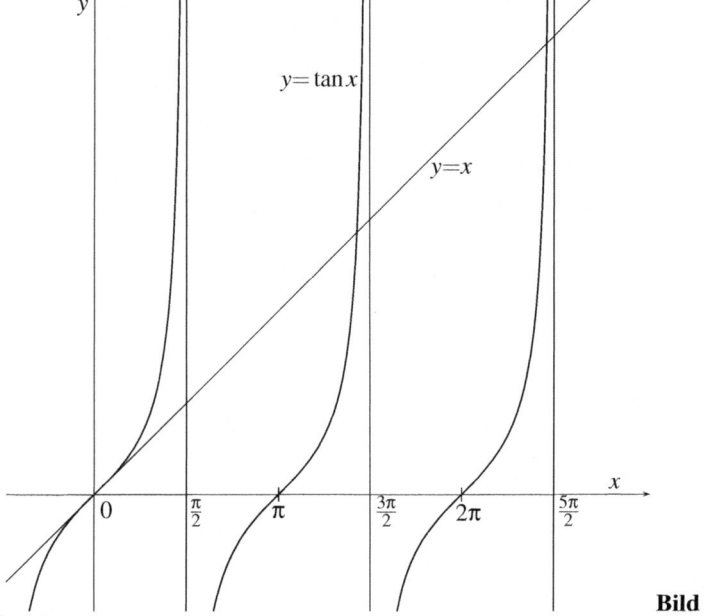

Bild 17.1

a) Wir zeigen zunächst, dass die Gleichung $\tan x = x$ im Intervall $]a,b[$ genau eine Lösung besitzt, was anschaulich aus Bild 17.1 klar ist.

Zum Beweis betrachten wir die Funktion

$$g :]a,b[\longrightarrow \mathbb{R}, \quad g(x) := \tan x - x.$$

Für $x \in]a,m]$ gilt $g(x) < 0$. Außerdem ist

$$\lim_{x \nearrow b} g(x) = \infty.$$

Daher hat g mindestens eine Nullstelle in $]m,b[$. Da

$$g'(x) > 0 \quad \text{für alle } x \in]m,b[,$$

hat g genau eine Nullstelle ξ_k in $]a,b[$.

b) Für $x \in \;]a,b[$ ist die Gleichung

$$\tan x = x$$

gleichbedeutend mit

$$x = f(x) := k\pi + \arctan x.$$

Es gilt $f([a,b]) \subset \;]a,b[$ und

$$|f'(x)| = \frac{1}{1+x^2} \leqslant \frac{1}{1+a^2} =: q < \frac{1}{2}, \;(\text{da } a > 1),$$

für alle $x \in [a,b]$. Daher konvergiert nach An. 1, §17, Satz 1, die Folge $(x_n)_{n\in\mathbb{N}}$ mit

$$x_0 := \left(k + \frac{1}{2}\right)\pi, \quad x_{n+1} := f(x_n) \quad \text{für } n \in \mathbb{N}$$

gegen die eindeutig bestimmte Lösung $\xi_k \in \;]a,b[$ der Gleichung $f(x) = x$, d.h. $\tan x = x$. Man hat die Fehlerabschätzung

$$|\xi_k - x_n| \leqslant \frac{q}{1-q}|x_n - x_{n-1}| \leqslant |x_n - x_{n-1}|.$$

Die numerische Rechnung ergibt bei Berücksichtigung der ersten sieben Dezimalen

	$k=1$	$k=2$	$k=3$
x_0	4.712 388 9	7.853 981 3	10.995 574 2
x_1	4.503 284 3	7.727 339 0	10.904 878 1
x_2	4.493 874 4	7.725 286 2	10.904 127 9
x_3	4.493 431 4	7.725 252 4	10.904 121 7
x_4	4.493 410 4	7.725 251 8	10.904 121 6
x_5	4.493 409 5	7.725 251 8	
x_6	4.493 409 4		
ξ_k	$4.493\,409 \pm 10^{-6}$	$7.725\,252 \pm 10^{-6}$	$10.904\,122 \pm 10^{-6}$

Aufgabe 17 B. Die Ableitung des Polynoms $f(x) = x^5 - x - \frac{1}{5}$ ist

$$f'(x) = 5x^4 - 1,$$

hat also genau zwei reelle Nullstellen $\pm a$, mit

$$a := \sqrt[4]{\frac{1}{5}} = 0.668\,7\ldots$$

Es gilt

$$f'(x) > 0,\ \text{falls } x < -a,$$
$$f'(x) < 0,\ \text{falls } -a < x < a,$$
$$f'(x) > 0,\ \text{falls } x > a.$$

Einige spezielle Funktionswerte lauten (vgl. Bild 17.2).

x	-1	$-a$	0	a	1.5
$f(x)$	-0.2	$0.334..$	-0.2	$-0.734..$	$5.893..$

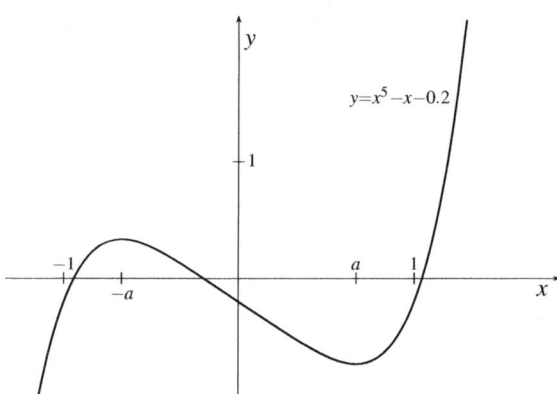

Bild 17.2

Aus den Funktionswerten und den Vorzeichen der Ableitung folgt nun, dass f genau drei Nullstellen $\xi_1 < \xi_2 < \xi_3$ hat, und zwar

$$\xi_1 \in]-1,-a[,\quad \xi_2 \in]-a,0[,\quad \xi_3 \in \left]a,\frac{3}{2}\right[.$$

Da $f''(x) = 20x^3$, ist f in den Intervallen $[-1,\xi_1]$ und $[\xi_2,0]$ konkav und im Intervall $[\xi_3,\frac{3}{2}]$ konvex. Nach An. 1, §17, Satz 2, konvergiert also das Newtonsche Verfahren

$$x_{n+1} = x_n - \frac{f(x_n)}{f'(x_n)}$$

mit dem Anfangswert $x_0 = a_k$ gegen ξ_k, wobei $a_1 = -1$, $a_2 = 0$, $a_3 = \frac{3}{2}$. Die
numerische Rechnung ergibt

	$x_0 = a_1 = -1$	$x_0 = a_2 = 0$	$x_0 = a_3 = 1.5$
x_1	-0.95	-0.2	$1.257\ 583\ 5$
x_2	$-0.942\ 260\ 1$	$-0.200\ 322\ 5$	$1.110\ 887\ 7$
x_3	$-0.942\ 086\ 9$	$-0.200\ 322\ 5$	$1.053\ 300\ 6$
x_4	$-0.942\ 086\ 8$		$1.044\ 925\ 6$
x_5	$-0.942\ 086\ 8$		$1.044\ 761\ 7$
x_6			$1.044\ 761\ 7$

Also sind die Nullstellen

$$\xi_1 = -0.942\ 087 \pm 10^{-6},$$
$$\xi_2 = -0.200\ 322 \pm 10^{-6},$$
$$\xi_3 = \ \ \ 1.044\ 762 \pm 10^{-6}.$$

Von der Richtigkeit der Fehlerschranken für die 6–stelligen Näherungswerte $\widetilde{\xi}_k$
überzeugt man sich am einfachsten dadurch, dass die Funktion f an den Stellen
$\widetilde{\xi}_k - 10^{-6}$ und $\widetilde{\xi}_k + 10^{-6}$ verschiedenes Vorzeichen aufweist.

Aufgabe 17 D. Die Funktion $f(x) := x^2 + \cos \pi x$ ist eine gerade Funktion, es
genügt also, sie für $x \geqslant 0$ zu betrachten. Eine triviale Nullstelle ist $x = 1$. Für
$x > 1$ gilt

$$f(x) > 1 + \cos \pi x \geqslant 0,$$

die weiteren positiven Nullstellen liegen also im Intervall $]0, 1[$. Für die Ableitungen

$$f'(x) = 2x - \pi \sin \pi x,$$
$$f''(x) = 2 - \pi^2 \cos \pi x$$

hat man

$$f'(x) < 0 \quad \text{für } 0 < x < \tfrac{1}{2},$$
$$f''(x) \geqslant 2 \quad \text{für } \tfrac{1}{2} \leqslant x \leqslant 1.$$

Also ist f im Intervall $\left[0, \tfrac{1}{2}\right]$ streng monoton fallend und in $\left[\tfrac{1}{2}, 1\right]$ konvex. Da

$$f(0.5) = 0.25, \qquad f(0.7) = -0.097..,$$

hat f in den Intervallen $[0, 0.5]$ und $[0.7, 1[$ keine Nullstellen. Um die Nullstellen im Intervall $[0.5, 0.7]$ zu bestimmen, verwenden wir den Fixpunktsatz

(An. 1, §17, Satz 1), angewendet auf die Funktion

$$F(x) := x - \frac{1}{c}f(x), \quad c := f'\left(\frac{1}{2}\right) < 0.$$

Da f' in $\left[\frac{1}{2}, 1\right]$ streng monoton wächst, ist

$$F'(x) = 1 - \frac{1}{c}f'(x) = 1 + \frac{1}{|c|}f'(x)$$

für $x \geqslant \frac{1}{2}$ streng monoton wachsend, insbesondere gilt für $x \in [0.5, 0.7]$

$$0 = F'(0.5) \leqslant F'(x) \leqslant F'(0.7) = 0.46.. \leqslant q := \frac{1}{2}.$$

Da

$$F(0.5) = 0.61.. \geqslant 0.5, \quad F(0.7) = 0.65.. \leqslant 0.7$$

bildet F das Intervall $[0.5, 0.7]$ in sich ab; das Iterationsverfahren

$$x_{n+1} := F(x_n)$$

konvergiert also für einen beliebigen Anfangswert $0.5 \leqslant x_0 \leqslant 0.7$ gegen die einzige Nullstelle ξ der Funktion f im Intervall $[0.5, 0.7]$. Die numerische Rechnung ergibt für $x_0 = 0.6$

$$x_8 = 0.629\,847\,0..$$
$$x_9 = 0.629\,847\,2..,$$

also gilt

$$\xi := 0.629\,847 \pm 10^{-6},$$

da

$$|\xi - x_9| \leqslant \frac{q}{1-q}|x_9 - x_8| \leqslant |x_9 - x_8|.$$

Die sämtlichen Lösungen der Gleichung $x^2 + \cos \pi x = 0$ sind $-1, -\xi, \xi, 1$.

Aufgabe 17 F.

a) Wir zeigen zunächst, dass die Folge $(x_n)_{n \in \mathbb{N}}$ wohldefiniert ist, d.h. $x_n \in [a, b]$ für alle $n \in \mathbb{N}$. Dies ist richtig für $n = 0$, da $x_0 = a$. Sei schon $x_n \in [a, b]$ bewiesen. Aus der Monotonie von f folgt

$$a < f(a) \leqslant f(x_n) \leqslant f(b) < b,$$

d.h. $x_{n+1} = f(x_n) \in [a, b]$.

b) Wir zeigen jetzt, dass die Folge $(x_n)_{n \in \mathbb{N}}$ monoton wächst, d.h. $x_n \leqslant f(x_n) = x_{n+1}$ für alle $n \in \mathbb{N}$. Der Induktionsanfang $n = 0$ ist trivial. Sei schon $x_n \leqslant f(x_n)$ bewiesen. Dann folgt aus der Monotonie von f

$$x_{n+1} = f(x_n) \leqslant f(f(x_n)) = f(x_{n+1}) = x_{n+2}.$$

c) Aus der Monotonie und Beschränktheit der Folge $(x_n)_{n \in \mathbb{N}}$ ergibt sich die Existenz von

$$x^* = \lim_{n \to \infty} x_n \in [a,b].$$

Wegen der Stetigkeit von f erhält man aus $x_{n+1} = f(x_n)$ die Gleichung

$$x^* = f(x^*).$$

Der Beweis für die Folge $(y_n)_{n \in \mathbb{N}}$ ist analog.

Aufgabe 17 G.

a) Wir setzen $F(x) := (1+x)e^{-\alpha x}$. Für die Ableitung dieser Funktion berechnet man

$$F'(x) = e^{-\alpha x} - \alpha(1+x)e^{-\alpha x} = \alpha e^{-\alpha x}\left(\frac{1-\alpha}{\alpha} - x\right).$$

Es gilt also

$$F'(x) > 0, \text{ falls } x < \xi := \frac{1-\alpha}{\alpha},$$

$$F'(x) < 0, \text{ falls } x > \xi.$$

Ist $0 < \alpha < 1$, so ist $\xi > 0$ und die Funktion F im Intervall $[0,\xi]$ streng monoton wachsend und im Intervall $[\xi, \infty[$ streng monoton fallend. Im Intervall $[0,\xi]$ sind die Funktionswerte $\geqslant 1$. Ist $\alpha \geqslant 1$, so ist $\xi \leqslant 0$, also F auf der ganzen Halbachse $[0,\infty[$ streng monoton fallend. In beiden Fällen ergibt sich $\lim_{x \to \infty} F(x) = 0$ (siehe Bild 17.3). Daraus ergibt sich mit dem Zwischenwertsatz, dass für $p \in \,]0,1[$ die Gleichung

$$F(x) = p$$

im Intervall $[0,\infty[$ genau eine Lösung $x_\alpha(p)$ hat.

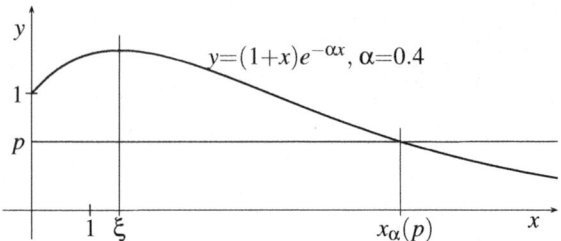

Bild 17.3

b) Aus der Monotonie von F folgt weiter: Ist $u \in \mathbb{R}_+$ beliebig und $p < F(u)$, so gilt $x_\alpha(p) > u$. Das bedeutet

$$\lim_{p \to 0} x_\alpha(p) = \infty.$$

Die Lösung $x_\alpha(p)$ genügt der Gleichung

$$(1 + x_\alpha(p))e^{-\alpha x_\alpha(p)} = p,$$

woraus durch Logarithmieren folgt

$$\log(1 + x_\alpha(p)) - \alpha x_\alpha(p) = \log(p)$$

oder

(∗) $$\alpha x_\alpha(p) = \log(1 + x_\alpha(p)) + \log \frac{1}{p}.$$

Da $1/p > 1$, also $\log(1/p) > 0$, erhält man daraus

$$\frac{x_\alpha(p)}{\frac{1}{\alpha} \log \frac{1}{p}} > 1 \quad \text{für alle } p \in {]0, 1[}.$$

Sei jetzt $\varepsilon > 0$ vorgegeben. Dazu existiert ein $\varepsilon_1 > 0$, so dass

$$\frac{\alpha}{\alpha - \varepsilon_1} \leqslant 1 + \varepsilon.$$

Da die Funktion $x \mapsto e^{\varepsilon_1 x}$ für $x \to \infty$ schneller wächst als jedes Polynom, gibt es ein $r \in \mathbb{R}_+$, so dass

$$1 + x \leqslant e^{\varepsilon_1 x} \quad \text{für alle } x \geqslant r.$$

Daher existiert ein $p_0 \in]0,1[$, so dass

$$1 + x_\alpha(p) \leqslant e^{\varepsilon_1 x_\alpha(p)} \quad \text{für alle } p \in]0, p_0],$$

also

$$\log(1 + x_\alpha(p)) \leqslant \varepsilon_1 x_\alpha(p).$$

Setzt man dies in $(*)$ ein, erhält man

$$\alpha x_\alpha(p) \leqslant \varepsilon_1 x_\alpha(p) + \log \frac{1}{p}$$

woraus fogt

$$x_\alpha(p) \leqslant \frac{1}{\alpha - \varepsilon_1} \log \frac{1}{p}$$

Damit gilt

$$\frac{x_\alpha(p)}{\frac{1}{\alpha} \log \frac{1}{p}} \leqslant \frac{\alpha}{\alpha - \varepsilon_1} \leqslant 1 + \varepsilon \quad \text{für alle } p \in]0, p_0].$$

Insgesamt haben wir bewiesen, dass

$$\lim_{p \searrow 0} \frac{x_\alpha(p)}{\frac{1}{\alpha} \log \frac{1}{p}} = 1,$$

dass also $x_\alpha(p)$ für $p \searrow 0$ asymptotisch gleich $\frac{1}{\alpha} \log \frac{1}{p}$ ist. (Zur Definiton von „asymptotisch gleich" siehe An. 1, §20.)

c) Die Lösung der Gleichung

$$(1+x)e^{-x} = p$$

ist gleichbedeutend mit der Lösung der Gleichung

$$x = \log \frac{1}{p} + \log(1+x) =: f(x).$$

Die Folge

$$x_0 := 0, \quad x_{n+1} := f(x_n),$$

konvergiert nach Aufgabe 17 F monoton wachsend gegen die Lösung $a := x_1(p)$. Es gilt

$$f'(x) = \frac{1}{1+x}.$$

Für jedes $m > 0$ liegen alle x_n, $n \geq m$, im Intervall $[x_m, a]$. Außerdem gilt in diesem Intervall

$$|f'(x)| \leq \frac{1}{1 + x_m} =: q_m.$$

Daraus folgt nach An. 1, §17, Satz 1, die Fehlerabschätzung

$$|a - x_{n+1}| \leq \frac{q_m}{1 - q_m} |x_{n+1} - x_n| = \frac{1}{x_m} |x_{n+1} - x_n|$$

für alle $n > m$. Die numerische Rechnung ergibt:
Für $p = \frac{1}{2}$:

$$x_{15} = 1.678\ 345\ 5..,$$
$$x_{16} = 1.678\ 346\ 4..,$$
$$x_{17} = 1.678\ 346\ 7..,$$

also $x_1\left(\frac{1}{2}\right) = 1.678\ 347 \pm 10^{-6}$.
Für $p = \frac{1}{10}$:

$$x_{10} = 3.889\ 718\ 9..,$$
$$x_{11} = 3.889\ 719\ 9..,$$
$$x_{12} = 3.889\ 720\ 1..,$$

also $x_1\left(\frac{1}{10}\right) = 3.889\ 720 \pm 10^{-6}$.
Für $p = \frac{1}{100}$:

$$x_8\ = 6.638\ 350\ 4..,$$
$$x_9\ = 6.638\ 351\ 8..,$$
$$x_{10} = 6.638\ 352\ 0..,$$

also $x_1\left(\frac{1}{100}\right) = 6.638\ 352 \pm 10^{-6}$.

Aufgabe 17 H. Mit Hilfe von An. 1, §17, Satz 1, kann man z.B. folgendes hinreichendes Konvergenzkriterium für das Newtonverfahren herleiten:

Sei $D \subset \mathbb{R}$ ein abgeschlossenes Intervall und $f : D \longrightarrow \mathbb{R}$ eine zweimal differenzierbare Funktion mit $f'(x) \neq 0$ für alle $x \in D$. Es gebe ein $q < 1$ mit

$$|f(x)f''(x)| \leq q|f'(x)|^2 \quad \text{für alle } x \in D.$$

Falls für ein $x_0 \in D$ die durch

$$x_{n+1} := x_n - \frac{f(x_n)}{f'(x_n)}$$

rekursiv definierte Folge $(x_n)_{n\in\mathbb{N}}$ wohldefiniert ist (d.h. stets $x_{n+1} \in D$ gilt), konvergiert sie gegen eine Lösung der Gleichung $f(x) = 0$.

Beweis: Mit $F(x) := x - \dfrac{f(x)}{f'(x)}$ gilt

$$F'(x) = f(x)\frac{f''(x)}{f'(x)^2}.$$

Die Voraussetzung impliziert also $|F'(x)| \leqslant q$ in D. Daraus folgt nach An. 1, §17, Satz 1, die Konvergenz der Folge $(x_n)_{n\in\mathbb{N}}$. ☐

Aufgabe 17 I. Die vollständige Lösung dieser interessanten Aufgabe wollen wir der Leserin überlassen; zur Kontrolle geben wir die Ergebnisse von b) und c) an.

b) Für $a = e^{1/e}$ konvergiert die Folge $(a_n)_{n\in\mathbb{N}}$ gegen e. (Die Konvergenz ist jedoch recht langsam, z.B. ist $a_{100} = 2.6666\ldots$ und $a_{200} = 2.6918\ldots$.) Für $a = 1.2$ konvergiert die Folge gegen

$$a_* = 1.257\,734\,54 \pm 10^{-8}.$$

c) Für jeden Anfangswert $e^{-e} \leqslant a < 1$ konvergiert die Folge $(a_n)_{n\in\mathbb{N}}$. Für $a = e^{-e}$ ist der Grenzwert gleich $\frac{1}{e}$. Für $0 < a < e^{-e}$ konvergiert die Folge $(a_n)_{n\in\mathbb{N}}$ nicht; jedoch konvergieren die beiden Teilfolgen $(a_{2k})_{k\in\mathbb{N}}$ und $(a_{2k+1})_{k\in\mathbb{N}}$ (gegen verschiedene Grenzwerte).

§ 18 Das Riemannsche Integral

Aufgabe 18 A. Sei n eine positive natürliche Zahl und seien

$$x_i := \frac{ia}{n}, \quad i = 0, \ldots, n.$$

Als Stützstellen für die Riemannsche Summe wählen wir $\xi_i := x_i$ für $i = 1, \ldots, n$. Mit diesen Teilpunkten (x_i) und Stützstellen (ξ_i) erhält man für die Funktion $x \overset{f}{\longmapsto} x^k$ die Riemannsche Summe

$$S_n = \frac{a}{n}\sum_{i=1}^{n}\left(\frac{ia}{n}\right)^k = \left(\frac{a}{n}\right)^{k+1}\sum_{i=1}^{n} i^k.$$

Nach Aufgabe 1 O gibt es rationale Zahlen $q_1, \ldots, q_k$ mit

$$\sum_{i=1}^{n} i^k = \frac{1}{k+1} n^{k+1} + q_k n^k + \ldots + q_1 n.$$

Daraus folgt

$$\lim_{n \to \infty} S_n = \lim_{n \to \infty} \left\{ a^{k+1} \left(\frac{1}{k+1} + \frac{q_k}{n} + \ldots + \frac{q_1}{n^k} \right) \right\} = \frac{a^{k+1}}{k+1}.$$

Also erhält man das Resultat

$$\int_0^a x^k \, dx = \lim_{n \to \infty} S_n = \frac{a^{k+1}}{k+1}.$$

Aufgabe 18 B. Mit den Teilpunkten $x_k = a^{k/n}$, $k = 0, \ldots, n$, und den Stützstellen $\xi_k = x_{k-1}$, $k = 1, \ldots, n$, erhält man für die Funktion $x \overset{f}{\longmapsto} \frac{1}{x}$ die Riemannsche Summe

$$\begin{aligned}
S_n &= \sum_{k=1}^{n} f(\xi_k)(x_k - x_{k-1}) \\
&= \sum_{k=1}^{n} a^{(-k+1)/n} \left(a^{k/n} - a^{(k-1)/n} \right) \\
&= \sum_{k=1}^{n} \left(a^{1/n} - 1 \right) = n \left(a^{1/n} - 1 \right).
\end{aligned}$$

Die Feinheit der Unterteilung

$$1 < a^{1/n} < a^{2/n} < \ldots < a^{(n-1)/n} < a$$

ist $\eta_n := a - a^{(n-1)/n} = a(1 - a^{-1/n})$. Da $\lim_{n \to \infty} \eta_n = 0$, folgt

$$\int_1^a \frac{dx}{x} = \lim_{n \to \infty} S_n = \lim_{n \to \infty} \frac{a^{1/n} - 1}{1/n} = \lim_{h \to 0} \frac{a^h - a^0}{h} = \frac{da^x}{dx}(0) = \log a.$$

Aufgabe 18 D. Sei $\varepsilon > 0$ vorgegeben. Nach An. 1, §18, Satz 3, existieren Treppenfunktionen $\varphi, \psi : [a,b] \longrightarrow \mathbb{R}$ mit

$$\varphi \leqslant f \leqslant \psi$$

und

$$\int_a^b (\psi(x) - \varphi(x))\,dx \leqslant \varepsilon' := \delta^2 \varepsilon.$$

O.B.d.A. können wir annehmen, dass $\varphi \geqslant \delta$. Dann sind $1/\varphi$ und $1/\psi$ Treppenfunktionen auf $[a,b]$ mit

$$\frac{1}{\psi} \leqslant \frac{1}{f} \leqslant \frac{1}{\varphi} \leqslant \frac{1}{\delta}$$

und man hat

$$\int_a^b \left(\frac{1}{\varphi(x)} - \frac{1}{\psi(x)} \right) dx = \int_a^b \frac{1}{\varphi(x)\psi(x)} (\psi(x) - \varphi(x))\,dx$$

$$\leqslant \frac{1}{\delta^2} \int_a^b (\psi(x) - \varphi(x))\,dx \leqslant \frac{\varepsilon'}{\delta^2} = \varepsilon.$$

Daher ist $1/f$ Riemann–integrierbar.

Bemerkung: Aufgabe 18 D ist ein Spezialfall von Aufgabe 18 E.

Aufgabe 18 G. Da $f \geqslant 0$, genügt es offenbar zu zeigen, dass zu jedem $\varepsilon > 0$ eine Treppenfunktion $\varphi : [0,1] \longrightarrow \mathbb{R}$ existiert mit

$$f \leqslant \varphi \quad \text{und} \quad \int_0^1 \varphi(x)\,dx \leqslant \varepsilon.$$

Sei $\varepsilon > 0$ beliebig. Nach Definition von f gibt es nur endlich viele Stellen

$$x_1, x_2, \ldots, x_m \in [0,1]$$

mit

$$f(x_i) > \frac{\varepsilon}{2} \quad \text{für } i = 1, \ldots, m.$$

Die Funktion $\varphi : [0,1] \longrightarrow \mathbb{R}$ werde wie folgt definiert (vgl. Bild 18.1):

$$\varphi(x) := \begin{cases} 1, & \text{falls } \min_{i \in \{1,\ldots,m\}} |x - x_i| \leqslant \dfrac{\varepsilon}{4m}, \\[2mm] \dfrac{\varepsilon}{2}, & \text{sonst.} \end{cases}$$

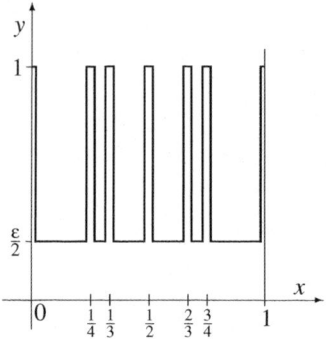

Bild 18.1

Man überlegt sich leicht, dass φ eine Treppenfunkton ist. Es gilt

$$\int_0^1 \varphi(x)\,dx \leqslant \frac{\varepsilon}{2} + m \cdot \frac{\varepsilon}{2m} = \varepsilon.$$

§ 19   Integration und Differentiation

Aufgabe 19 A.   Aus Symmetriegründen ist der Flächeninhalt F der Ellipse E das Doppelte des Flächeninhalts von

$$E_+ = \{(x,y) \in E : y \geqslant 0\}$$
$$= \left\{(x,y) \in \mathbb{R}^2 : -a \leqslant x \leqslant a,\ 0 \leqslant y \leqslant b\sqrt{1 - \frac{x^2}{a^2}}\right\}.$$

Also gilt

$$F = 2\int_{-a}^{a} b\sqrt{1 - \frac{x^2}{a^2}}\,dx.$$

Wir substituieren $t = \frac{x}{a}$ und erhalten

$$F = 2ab\int_{-1}^{1} \sqrt{1 - t^2}\,dt.$$

Da nach An. 1, §19, Beispiel (19.15),

$$\int\limits_{-1}^{1} \sqrt{1-t^2}\, dt = \frac{\pi}{2},$$

folgt $F = ab\pi$. Insbesondere ist also $r^2\pi$ der Flächeninhalt des Kreises mit Radius r.

Aufgabe 19 C. Zwar lassen sich die Integrale auch mittels partieller Integration auswerten, wir geben jedoch hier einen Lösungsweg unter Benutzung von Symmetriebetrachtungen.

a) Für das Integral $\int_0^{2\pi} x\cos x\, dx$ machen wir die Substitution $x = t + \pi$ und erhalten

$$\int\limits_{0}^{2\pi} x\cos x\, dx = \int\limits_{-\pi}^{\pi} (t+\pi)(-\cos t)\, dt$$

$$= -\int\limits_{-\pi}^{\pi} t\cos t\, dt - \pi \int\limits_{-\pi}^{\pi} \cos t\, dt$$

Da die Funktion $t \longmapsto t\cos t$ ungerade ist, verschwindet das erste Integral. Das zweite Integral verschwindet wegen der Periodizität von $\sin t$. Also gilt

$$\int\limits_{0}^{2\pi} x\cos x\, dx = 0.$$

b) Im Integral $\int_0^{\pi} x\sin x\, dx$ substituieren wir $x = t + \frac{\pi}{2}$ und erhalten

$$\int\limits_{0}^{\pi} x\sin x\, dx = \int\limits_{-\pi/2}^{\pi/2} \left(t+\frac{\pi}{2}\right)\cos t\, dt$$

$$= \int\limits_{-\pi/2}^{\pi/2} t\cos t\, dt + \frac{\pi}{2} \int\limits_{-\pi/2}^{\pi/2} \cos t\, dt.$$

Wie in Teil a) verschwindet das erste Integral. Außerdem gilt

$$\int_{-\pi/2}^{\pi/2} \cos t\, dt = \sin t \Big|_{-\pi/2}^{\pi/2} = 2,$$

also

$$\int_0^{\pi} x \sin x\, dx = \pi.$$

Aufgabe 19 D. Wir behandeln hier nur den Fall $a \neq 0$. (Der Fall $a = 0$, $b \neq 0$, kann auf das Integral $\int \frac{dx}{x} = \log|x|$, $(x \neq 0)$, zurückgeführt werden.) Mit der Bezeichnung

$$\Delta := b^2 - 4ac$$

wird der Nenner des Integranden

$$ax^2 + bx + c = a\left(x^2 + \frac{b}{a}x + \frac{c}{a}\right) = a\left(\left(x + \frac{b}{2a}\right)^2 - \frac{\Delta}{4a^2}\right).$$

Wir unterscheiden nun drei Fälle:

I) $\Delta = b^2 - 4ac > 0$.
   Wir setzen $\delta := \sqrt{\Delta}$. Damit wird

$$ax^2 + bx + c = a\left(\left(x + \frac{b}{2a}\right)^2 - \left(\frac{\delta}{2a}\right)^2\right)$$

$$= a\left(x + \frac{b}{2a} + \frac{\delta}{2a}\right)\left(x + \frac{b}{2a} - \frac{\delta}{2a}\right).$$

Der Nenner hat also die beiden Nullstellen

$$x_{1,2} = -\frac{b}{2a} \pm \frac{\delta}{2a}$$

und das Integral ist definiert über jedem Intervall, das keine der beiden Nullstellen enthält. Wie in An. 1, §19, Beispiel (19.14), berechnen wir das Integral mittels Partialbruchzerlegung

$$\frac{1}{\left(x + \frac{b+\delta}{2a}\right)\left(x + \frac{b-\delta}{2a}\right)} = \frac{\frac{a}{\delta}}{x + \frac{b-\delta}{2a}} - \frac{\frac{a}{\delta}}{x + \frac{b+\delta}{2a}}.$$

Damit erhält man

$$\int \frac{dx}{ax^2 + bx + c} = \frac{1}{\delta} \left(\int \frac{dx}{x + \frac{b-\delta}{2a}} - \int \frac{dx}{x + \frac{b+\delta}{2a}} \right)$$

$$= \frac{1}{\delta} \log \left| \frac{2ax + b - \delta}{2ax + b + \delta} \right|.$$

II) $\Delta = b^2 - 4ac = 0$.

In diesem Fall ist

$$ax^2 + bx + c = a \left(x + \frac{b}{2a} \right)^2,$$

das Integral also definiert über jedem Intervall, das den Punkt $-\frac{b}{2a}$ nicht enthält. Es gilt dann

$$\int \frac{dx}{ax^2 + bx + c} = \frac{1}{a} \int \frac{dx}{\left(x + \frac{b}{2a} \right)^2} = -\frac{1}{a \left(x + \frac{b}{2a} \right)} = -\frac{2}{2ax + b}.$$

III) $\Delta = b^2 - 4ac < 0$.

Wir setzen $\delta := \sqrt{|\Delta|}$. Damit wird

$$ax^2 + bx + c = a \left(\left(x + \frac{b}{2a} \right)^2 + \left(\frac{\delta}{2a} \right)^2 \right).$$

Da dieser Ausdruck keine reelle Nullstelle hat, ist das Integral über ganz $\mathbb{R}$ definiert und man hat

$$\int \frac{dx}{ax^2 + bx + c} = \frac{1}{a} \int \frac{dx}{\left(x + \frac{b}{2a} \right)^2 + \left(\frac{\delta}{2a} \right)^2}.$$

Mit Hilfe der Substitutionsregel erhält man aus An. 1, §19, Beispiel (19.7)

$$\int \frac{dx}{x^2 + \alpha^2} = \frac{1}{\alpha} \arctan \frac{x}{\alpha}, \quad (\alpha \neq 0),$$

also

$$\int \frac{dx}{ax^2 + bx + c} = \frac{1}{a} \left(\frac{2a}{\delta} \right) \arctan \left(\frac{x + \frac{b}{2a}}{\frac{\delta}{2a}} \right)$$

$$= \frac{2}{\delta} \arctan \left(\frac{2ax + b}{\delta} \right).$$

Bei solchen Integralauswertungen empfiehlt es sich, die Richtigkeit der Rechnung durch Differenzieren des Ergebnisses zu verifizieren. Der Leser führe diese Probe durch!

Aufgabe 19 E. Es ist klar, dass $1 + x^4$ keine reellen Nullstellen hat. Wir bestimmen eine Zerlegung von $1 + x^4$ durch Übergang zum Komplexen. Es gilt

$$x^4 + 1 = (x^2 + i)(x^2 - i).$$

Da $\left(e^{i\pi/4} \right)^2 = e^{i\pi/2} = i$, folgt

$$x^4 + 1 = (x + ie^{i\pi/4})(x - ie^{i\pi/4})(x + e^{i\pi/4})(x - e^{i\pi/4}).$$

Unter Benutzung von

$$e^{i\pi/4} = \cos \frac{\pi}{4} + i \sin \frac{\pi}{4} = \frac{\sqrt{2}}{2}(1 + i)$$

erhält man

$$\left(x + ie^{i\pi/4} \right) \left(x - e^{i\pi/4} \right) = x^2 - \sqrt{2}x + 1,$$

$$\left(x - ie^{i\pi/4} \right) \left(x + e^{i\pi/4} \right) = x^2 + \sqrt{2}x + 1.$$

Wir machen nun den Ansatz

$$\frac{1}{x^4 + 1} = \frac{ax + b}{x^2 + \sqrt{2}x + 1} + \frac{cx + d}{x^2 - \sqrt{2}x + 1}.$$

Diese Gleichung ist identisch erfüllt mit

$$a = -c = \frac{1}{2\sqrt{2}}, \quad b = d = \frac{1}{2}.$$

Damit erhält man

$$\int \frac{dx}{1 + x^4} = F(x) - F(-x)$$

mit

$$F(x) = \frac{1}{2\sqrt{2}} \int \frac{x+\sqrt{2}}{x^2+\sqrt{2}x+1} \, dx$$

Nach An. 1, §19, Beispiel (19.12), ist

$$\int \frac{x+\frac{\sqrt{2}}{2}}{x^2+\sqrt{2}x+1} \, dx = \frac{1}{2} \log(x^2+\sqrt{2}x+1).$$

Nach Aufgabe 19 D, Fall III), ist

$$\int \frac{1}{x^2+\sqrt{2}x+1} = \sqrt{2} \arctan(\sqrt{2}x+1).$$

Daraus folgt

$$F(x) = \frac{1}{4\sqrt{2}} \log(x^2+\sqrt{2}x+1) + \frac{1}{2\sqrt{2}} \arctan(\sqrt{2}x+1).$$

Aufgabe 19 F.

a) Für $\lambda = 0$ ist $e^{\lambda x} = 1$ und $\int x^2 \, dx = \frac{x^3}{3}$. Wir können also $\lambda \neq 0$ voraussetzen.

$$\int x^2 e^{\lambda x} \, dx = \frac{1}{\lambda} \int x^2 \, d\left(e^{\lambda x}\right)$$

$$= \frac{1}{\lambda} x^2 e^{\lambda x} - \frac{2}{\lambda} \int x e^{\lambda x} \, dx$$

$$= \frac{1}{\lambda} x^2 e^{\lambda x} - \frac{2}{\lambda^2} \int x \, d\left(e^{\lambda x}\right)$$

$$= \frac{1}{\lambda} x^2 e^{\lambda x} - \frac{2}{\lambda^2} x e^{\lambda x} + \frac{2}{\lambda^2} \int e^{\lambda x} \, dx$$

$$= \left(\frac{1}{\lambda} x^2 - \frac{2}{\lambda^2} x + \frac{2}{\lambda^3}\right) e^{\lambda x}.$$

b) Es gilt

$$\int x^2 \cos x \, dx = \int x^2 \, d(\sin x)$$

$$= x^2 \sin x - 2 \int x \sin x \, dx$$

$$= x^2 \sin x + 2 \int x \, d(\cos x)$$

$$= x^2 \sin x + 2x \cos x - 2 \int \cos x \, dx$$

$$= x^2 \sin x + 2x \cos x - 2 \sin x$$

$$= (x^2 - 2) \sin x + 2x \cos x.$$

c) Es gilt

$$\int e^{-x} \cos(5x) \, dx = - \int \cos(5x) \, d\left(e^{-x}\right)$$

$$= -e^{-x} \cos(5x) - 5 \int e^{-x} \sin(5x) \, dx$$

$$= -e^{-x} \cos(5x) + 5 \int \sin(5x) \, d\left(e^{-x}\right)$$

$$= -e^{-x} \cos(5x) + 5e^{-x} \sin(5x)$$

$$- 25 \int e^{-x} \cos(5x) \, dx.$$

Daraus erhält man

$$\int e^{-x} \cos(5x) \, dx = \frac{1}{26} (5 \sin(5x) - \cos(5x)) e^{-x}.$$

Bemerkung: Man kann das Integral aus c) auch durch Übergang zum Komplexen unter Benutzung der Formel

$$e^{-x} \cos(5x) = \mathrm{Re}\left(e^{(5i-1)x}\right)$$

lösen.

Aufgabe 19 O.

a) Sei zunächst $f : [a,b] \to \mathbb{R}$ eine Treppenfunktion zur Unterteilung

$$a = t_0 < t_1 < \ldots < t_{r-1} < t_r = b$$

mit $f(x) = c_j$ für alle $x \in [t_{j-1}, t_j]$. Dann gilt für $k \in \mathbb{R}^*$

$$F(k) := \int_a^b f(x) \sin kx\, dx = \sum_{j=1}^r c_j \int_{t_{j-1}}^{t_j} \sin kx\, dx$$

$$= -\frac{1}{k} \sum_{j=1}^r c_j \cos kx \Big|_{t_{j-1}}^{t_j},$$

also $\lim\limits_{|k| \to \infty} F(k) = 0$

b) Sei jetzt $f : [a,b] \to \mathbb{R}$ eine beliebige Riemann-integrierbare Funktion und $\varepsilon > 0$ vorgegeben. Dann gibt es eine Treppenfunktion $\varphi : [a,b] \to \mathbb{R}$ mit

$$\int_a^b |f(x) - \varphi(x)|\, dx < \frac{\varepsilon}{2}.$$

Sei $F(k) := \int_a^b f(x) \sin kx\, dx$ und $\Phi(x) := \int_a^b \varphi(x) \sin kx\, dx$. Damit ist

$$|F(k) - \Phi(k)| \leqslant \int_a^b |f(x) - \varphi(x)|\, dx < \frac{\varepsilon}{2}.$$

Nach Teil a) gibt es ein $k_0 \in \mathbb{R}_+$ mit $|\Phi(k)| < \varepsilon/2$ für alle $k \in \mathbb{R}$ mit $|k| \geqslant k_0$. Daraus folgt $|F(k)| < \varepsilon$ für $|k| \geqslant k_0$, q.e.d.

Aufgabe 19 T. Wir setzen

$$\psi_+(x) := \frac{1}{18}(x-1)^3 + \frac{1}{24}(x-1)^4$$

und $\psi_-(x) := \psi_+(-x)$. Dann ist

$$\int_{-1}^1 f^{(4)}(x)\psi(x)\, dx = \int_{-1}^0 f^{(4)}(x)\psi_-(x)\, dx + \int_0^1 f^{(4)}(x)\psi_+(x)\, dx.$$

Wir werten die Integrale durch partielle Integration aus:

$$\int_0^1 f^{(4)}(x)\psi_+(x)\, dx = f^{(3)}(x)\psi_+(x) \Big|_0^1 - \int_0^1 f^{(3)}\psi_+'(x)\, dx$$

$$= f^{(3)}(x)\psi_+(x)\Big|_0^1 - f''(x)\psi'_+(x)\Big|_0^1 + \int_0^1 f''(x)\psi''_+(x)dx$$

$$= \ldots$$

$$= f^{(3)}(x)\psi_+(x)\Big|_0^1 - f''(x)\psi'_+(x)\Big|_0^1 + f'(x)\psi''_+(x)\Big|_0^1 - f(x)\psi_+^{(3)}(x)\Big|_0^1$$

$$+ \int_0^1 f(x)\psi_+^{(4)}(x)dx.$$

Ebenso erhält man

$$\int_{-1}^0 f^{(4)}(x)\psi_-(x)dx = f^{(3)}(x)\psi_-(x)\Big|_{-1}^0 - f''(x)\psi'_-(x)\Big|_{-1}^0$$

$$+ f'(x)\psi''_-(x)\Big|_{-1}^0 - f(x)\psi_-^{(3)}(x)\Big|_{-1}^0 + \int_{-1}^0 f(x)\psi_-^{(4)}(x)dx.$$

Nun ist

$$\psi_+(x) = \tfrac{1}{6}(x-1)^2 + \tfrac{1}{6}(x-1)^3 = -\psi_-(-x),$$
$$\psi''_+(x) = \tfrac{1}{3}(x-1) + \tfrac{1}{2}(x-1)^2 = \psi''_-(-x),$$
$$\psi_+^{(3)}(x) = \tfrac{1}{3} + (x-1) = -\psi_-^{(3)}(-x),$$
$$\psi_+^{(4)}(x) = 1 = \psi_-^{(4)}(-x).$$

Es folgt

$$\psi_+(0) = \psi_-(0) = -\tfrac{1}{72},$$
$$\psi'_+(0) = \psi'_-(0) = 0,$$
$$\psi''_+(0) = \psi''_-(0) = \tfrac{1}{6},$$
$$\psi_+^{(3)}(0) = -\psi_-^{(3)}(0) = -\tfrac{2}{3},$$

und

$$\psi_+(1) = \psi_-(1) = \psi'_+(1) = \psi'_-(-1) = \psi''_+(1) = \psi''_-(1) = 0,$$
$$\psi_+^{(3)}(1) = -\psi_-^{(3)}(-1) = \tfrac{1}{3}.$$

Setzt man dies ein, erhält man

$$\int_{-1}^1 f^{(4)}(x)\psi(x)dx = -f(x)\psi_-^{(3)}(x)\Big|_{-1}^0 - f(x)\psi_+^{(3)}(x)\Big|_0^1 + \int_{-1}^1 f(x)dx$$

$$= -\tfrac{1}{3}f(-1) - \tfrac{4}{3}f(0) - \tfrac{1}{3}f(1) + \int_{-1}^1 f(x)dx.$$

Daraus folgt

$$\int_{-1}^{1} f(x)dx = \frac{1}{3}(f(-1) + 4f(0) + f(1)) + R$$

mit

$$R = \int_{-1}^{1} f^{(4)}(x)\psi(x)dx.$$

Die Funktion ψ ist im ganzen Intervall $[-1, 1]$ kleiner-gleich 0, deshalb kann man den Mittelwertsatz der Integralrechnung anwenden: Es gibt ein $\xi \in [-1, 1]$, so dass

$$R = f^{(4)}(\xi) \int_{-1}^{1} \psi(x)dx = -\frac{1}{90}f^{(4)}(\xi).$$

§ 20   Uneigentliche Integrale. Die Gamma–Funktion

Aufgabe 20 B. Wir definieren die Funktion $g : [1, \infty[\to \mathbb{R}_+$ durch

$$g(x) := a_n = f(n) \quad \text{für } n \leqslant x < n + 1.$$

Dann ist g ebenfalls eine monoton fallende Funktion mit

$$g(x + 1) \leqslant f(x) \leqslant g(x) \quad \text{für alle } x \geqslant 1$$

und

$$\int_{1}^{N+1} g(x)dx = \sum_{n=1}^{N} a_n.$$

Daher gilt

$$c_N := \sum_{n=1}^{N} a_n - F(N) = \int_{1}^{N} (g(x) - f(x))dx + a_N \geqslant 0.$$

Die Folge (a_N) ist monoton fallend und durch 0 nach unten beschränkt. Daher existiert

$$\lim_{N \to \infty} a_N =: A \in \mathbb{R}_+.$$

Da im Intervall $[n, n + 1]$ gilt $0 \leqslant g(x) - f(x) \leqslant a_n - a_{n+1}$, folgt

$$\int_{1}^{N} (g(x) - f(x))dx = \sum_{n=1}^{N-1} \int_{n}^{n+1} (g(x) - f(x))dx \leqslant a_1 - a_N.$$

Da der Integrand $g(x) - f(x)$ nicht-negativ ist, folgt die Existenz des uneigentlichen Integrals

$$\int_1^\infty (g(x) - f(x))dx \leqslant a_1 - A$$

sowie des Grenzwerts

$$\beta := \lim_{N \to \infty} \left(\sum_{n=1}^N a_n - F(N) \right) = \lim_{N \to \infty} c_N = \int_1^\infty (g(x) - f(x))dx + A \leqslant a_1,$$

was zu beweisen war.

Beispiel. Wendet man das Resultat auf die Funktion

$$f(x) := \frac{1}{x \log x}, \qquad 2 \leqslant x < \infty,$$

an, so erhält man wegen

$$\int_2^N \frac{dx}{x \log x} = \log\log N - \log\log 2$$

die Aussage: Es existiert eine Konstante $\beta_1 \in \mathbb{R}$, so dass

$$\sum_{n=2}^N \frac{1}{n \log n} = \log\log N + \beta_1 + o(N).$$

Aufgabe 20 C.

a) Für $x \geqslant n > 0$ ist $\frac{1}{x} \leqslant \frac{1}{n}$, also folgt

$$0 \leqslant \int_n^{n+1} \left(\frac{1}{n} - \frac{1}{x} \right) dx = \frac{1}{n} - \log x \Big|_n^{n+1} = \frac{1}{n} - \log\left(1 + \frac{1}{n} \right) = \lambda(n).$$

Andrerseits ist

$$\frac{1}{n} - \frac{1}{x} = \frac{x-n}{nx} \leqslant \frac{x-n}{n^2},$$

also

$$\lambda(n) = \frac{1}{n} - \log\left(1 + \frac{1}{n} \right) \leqslant \int_n^{n+1} \frac{x-n}{n^2} dx = \frac{1}{n^2} \int_0^1 x\, dx = \frac{1}{2n^2}.$$

b) Nach Definition der Euler-Mascheronischen Konstanten ist

$$\gamma = \lim_{n\to\infty}\left(\sum_{k=1}^{n}\frac{1}{k} - \log n\right) = \lim_{n\to\infty}\left(\sum_{k=1}^{n+1}\frac{1}{k} - \log(n+1)\right)$$

$$= \lim_{n\to\infty}\left(\underbrace{\sum_{k=1}^{n}\frac{1}{k} - \log(n+1)}_{=:S_n}\right) = \lim_{n\to\infty}S_n.$$

Nun ist $S_0 = 0$ und

$$S_n - S_{n-1} = \frac{1}{n} - \log(n+1) + \log n = \lambda(n).$$

Daraus folgt

$$\gamma = S_0 + \sum_{n=1}^{\infty}(S_n - S_{n-1}) = \sum_{n=1}^{\infty}\lambda(n), \quad \text{q.e.d.}$$

Aufgabe 20 D. Wir verwenden die Stirlingsche Formel $n! \sim \sqrt{2\pi n}(\frac{n}{e})^n$. Damit ergibt sich

$$\frac{1}{2^{2n}}\binom{2n}{n} = \frac{(2n)!}{2^{2n}n!n!} \sim \frac{\sqrt{4\pi n}}{2^{2n}\sqrt{2\pi n}\sqrt{2\pi n}}\left(\frac{2n}{e}\right)^{2n}\left(\frac{e}{n}\right)^{2n} \sim \frac{1}{\sqrt{\pi n}}.$$

Aufgabe 20 F. Sei $F(x) := 2^x\Gamma(\frac{x}{2})\Gamma(\frac{x+1}{2})$. Alle Faktoren sind für $x > 0$ positiv, also kann man logarithmieren:

$$\log F(x) = x\log x + \log\Gamma\left(\frac{x}{2}\right) + \log\Gamma\left(\frac{x+1}{2}\right).$$

Da jeder Summand konvex ist, ist auch die Summe konvex, also $F : \mathbb{R}_+^* \to \mathbb{R}_+^*$ logarithmisch konvex. F genügt folgender Funktionalgleichung:

$$F(x+1) = 2^{x+1}\Gamma\left(\frac{x+1}{2}\right)\Gamma\left(\frac{x+2}{2}\right) = 2\cdot 2^x\Gamma\left(\frac{x+1}{2}\right)\frac{x}{2}\Gamma\left(\frac{x}{2}\right) = xF(x).$$

Es gilt $F(1) = 2\Gamma(\frac{1}{2})\Gamma(1) = 2\sqrt{\pi}$. Mit dem Satz von Bohr/Mollerup (An. 1, §20, Satz 4) folgt deshalb

$$2^x\Gamma\left(\frac{x}{2}\right)\Gamma\left(\frac{x+1}{2}\right) = F(x) = F(1)\Gamma(x) = 2\sqrt{\pi}\Gamma(x).$$

Daraus folgt die behauptete Formel.

Aufgabe 20 G.

a) Falls $x \geqslant 1$ und $y \geqslant 1$, ist der Integrand stetig, also nichts zu beweisen. Die Integrationsgrenze 0 wird kritisch, falls $0 < x < 1$, die Integrationsgrenze 1, falls $0 < y < 1$.

Wir behandeln nur die untere Integrationsgrenze. Der andere Fall ist analog. Es ist also zu zeigen, dass der Limes

$$\lim_{\varepsilon \searrow 0} \int_{\varepsilon}^{1/2} t^{x-1}(1-t)^{y-1}\,dt$$

für $x \in\,]0,1[$ existiert. Da die Funktion $t \longmapsto (1-t)^{y-1}$ im abgeschlossenen Intervall $[0, \frac{1}{2}]$ stetig ist, ist sie dort beschränkt. Wir haben also eine Abschätzung

$$\left|t^{x-1}(1-t)^{y-1}\right| \leqslant K t^{x-1}$$

mit einer Konstanten $K \in \mathbb{R}_+$. Da das uneigentliche Integral

$$\int_{0}^{1/2} t^{x-1}\,dt$$

für $x > 0$ konvergiert, siehe An. 1, Beispiel (20.2), folgt die Behauptung.

b) i) Wir zeigen zunächst die Funktionalgleichung. Da $\dfrac{d}{dt}t^x = xt^{x-1}$, folgt mit partieller Integration

$$\begin{aligned}
xB(x, y+1) &= \int_0^1 xt^{x-1}(1-t)^y\,dt \\
&= \underbrace{t^x(1-t)^y\Big|_{t=0}^{t=1}}_{=0} + y\int_0^1 t^x(1-t)^{y-1}\,dt \\
&= yB(x+1, y).
\end{aligned}$$

Andrerseits erhält man

$$\begin{aligned}
B(x, y+1) &= \int_0^1 t^{x-1}(1-t)(1-t)^{y-1}\,dt \\
&= \int_0^1 t^{x-1}(1-t)^{y-1}\,dt - \int_0^1 t^x(1-t)^{y-1}\,dt \\
&= B(x, y) - B(x+1, y).
\end{aligned}$$

Kombination der beiden Gleichungen ergibt

$$xB(x,y) = (x+y)B(x+1,y).$$

ii) Die logarithmische Konvexität der Funktion $x \mapsto B(x,y)$ bedeutet

$$B(\lambda x_1 + (1-\lambda)x_2, y) \leqslant B(x_1,y)^\lambda B(x_2,y)^{1-\lambda}$$

für alle $x_1, x_2 > 0$ und $0 < \lambda < 1$. Dies beweisen wir mit der Hölderschen Ungleichung. Wir definieren p und q durch $\lambda = \frac{1}{p}$ und $1 - \lambda = \frac{1}{q}$. Mit

$$f(t) := t^{(x_1-1)/p}(1-t)^{(y-1)/p} \quad \text{und} \quad g(t) := t^{(x_2-1)/q}(1-t)^{(y-1)/q}$$

wird

$$f(t)g(t) = t^{\lambda x_1 + (1-\lambda)x_2 - 1}(1-t)^{y-1}.$$

Dann ist

$$\begin{aligned}
\int_0^1 f(t)g(t)dt &= B(\lambda x_1 + (1-\lambda)x_2, y) \\
&\leqslant \left(\int_0^1 f(t)^p dt \right)^{1/p} \left(\int_0^1 g(t)^q dt \right)^{1/q} \\
&= B(x_1,y)^\lambda B(x_2,y)^{1-\lambda}, \qquad \text{q.e.d.}
\end{aligned}$$

c) Für festes $y > 0$ sei $F := \mathbb{R}_+^* \to \mathbb{R}_+^*$ die Funktion mit

$$F(x) := B(x,y)\Gamma(x+y)/\Gamma(y).$$

Da $x \mapsto B(x,y)$ und $x \mapsto \Gamma(x+y)$ logarithmisch konvex sind, ist auch F logarithmisch konvex. Außerdem gilt

$$\begin{aligned}
F(x+1) &= B(x+1,y)\Gamma(x+y+1)/\Gamma(y) \\
&= \frac{x}{x+y}B(x,y)(x+y)\Gamma(x+y)/\Gamma(y) = xF(x).
\end{aligned}$$

und

$$\begin{aligned}
F(1) &= B(1,y)\Gamma(1+y)/\Gamma(y) = yB(1,y) \\
&= y\int_0^1 (1-t)^{y-1}dt = -(1-t)^y \Big|_{t=0}^{t=1} = 1.
\end{aligned}$$

Aus dem Satz von Bohr/Mollerup folgt nun

$$F(x) = \Gamma(x) \quad \Longrightarrow \quad B(x,y) = \frac{\Gamma(x)\Gamma(y)}{\Gamma(x+y)}, \quad \text{q.e.d.}$$

Aufgabe 20 I.

a) Wir machen in der Formel

$$B(u,v) = \int_0^1 x^{u-1}(1-x)^{v-1}dx, \qquad u,v > 0,$$

die Substitution $t = 1/x$ und erhalten

$$B(u,v) = \int_1^\infty t^{1-u}\left(1 - \frac{1}{t}\right)^{v-1}\frac{dt}{t^2} = \int_1^\infty \frac{(t-1)^{v-1}}{t^{u+v}}\,dt.$$

Nochmalige Substitution $x = t - 1$ liefert

$$B(u,v) = \int_0^\infty \frac{x^{v-1}}{(1+x)^{u+v}}\,dt.$$

Setzt man schließlich $v = \alpha$ und $u = 1-\alpha$, $(0 < \alpha < 1)$, und beachtet $B(u,v) = B(v,u)$, erhält man die Behauptung

$$B(\alpha, 1-\alpha) = \int_0^\infty \frac{x^{\alpha-1}}{1+x}\,dx.$$

b) Wir substituieren in der in a) bewiesenen Formel $x = t^n$. Dann wird

$$B(\alpha, 1-\alpha) = n\int_0^\infty \frac{t^{n\alpha-n}}{1+t^n}t^{n-1}dt = n\int_0^\infty \frac{t^{n\alpha-1}}{1+t^n}dt.$$

Setzt man speziell $\alpha = 1/n$ ergibt sich

$$\int_0^\infty \frac{dt}{1+t^n}\,dt = \frac{1}{n}B\left(\frac{1}{n}, 1 - \frac{1}{n}\right), \quad \text{q.e.d.}$$

§ 21 Gleichmäßige Konvergenz von Funktionenfolgen

Aufgabe 21 A. Zunächst berechnen wir die Integrale

$$\int_0^\infty f_n(x)\,dx = \int_0^\infty \frac{x}{n^2} e^{-x/n}\,dx = \lim_{R\to\infty} \int_0^R \frac{x}{n^2} e^{-x/n}\,dx.$$

Mit der Substitution $t = \frac{x}{n}$ wird

$$\int_0^R \frac{x}{n^2} e^{-x/n}\,dx = \int_0^{R/n} t e^{-t}\,dt,$$

also

$$\int_0^\infty f_n(x)\,dx = \lim_{R\to\infty} \int_0^{R/n} t e^{-t}\,dt = \int_0^\infty t e^{-t}\,dt = \Gamma(2) = 1$$

für alle $n \geqslant 1$. Wir zeigen jetzt die gleichmäßige Konvergenz der Folge (f_n) gegen 0. Dazu berechnen wir zunächst die Ableitung von f_n.

$$f_n'(x) = \frac{1}{n^2} e^{-x/n}\left(1 - \frac{x}{n}\right).$$

Daraus sieht man, dass f_n im Intervall $[0,n]$ monoton wächst und im Intervall $[n,\infty[$ monoton fällt. Sie nimmt also für $x = n$ ihr absolutes Maximum an, und es gilt

$$0 \leqslant f_n(x) \leqslant f_n(n) = \frac{1}{en}$$

für alle $x \in \mathbb{R}_+$ und alle $n \geqslant 1$. Daraus folgt die gleichmäßige Konvergenz der Funktionenfolge (f_n) gegen 0.

Aufgabe 21 B. Wir behandeln hier nur die Reihe

$$f(x) := \sum_{n=1}^\infty \frac{\sin nx}{n^3}.$$

Da f periodisch ist, können wir uns auf das Intervall $0 \leqslant x \leqslant 2\pi$ beschränken. Formales Differenzieren ergibt

$$f'(x) = \sum_{n=1}^\infty \frac{\cos nx}{n^2}.$$

Da $\sum_{n=1}^{\infty} \frac{1}{n^2} < \infty$, konvergiert die Reihe gleichmäßig, stellt also nach An. 1, §21, Satz 5, tatsächlich die Ableitung von f dar. Nach An. 1, Beispiel (21.9) ist aber

$$\sum_{n=1}^{\infty} \frac{\cos nx}{n^2} = \left(\frac{x-\pi}{2}\right)^2 - \frac{\pi^2}{12} \quad \text{für } 0 \leqslant x \leqslant 2\pi.$$

Durch seine Ableitung ist f bis auf eine Konstante eindeutig bestimmt; es folgt

$$f(x) = \frac{1}{12}(x-\pi)^3 - \frac{\pi^2}{12}x + \text{const.}$$

Da $f(0) = 0$, ergibt sich const $= \pi^3/12$, d.h.

$$\begin{aligned} f(x) &= \frac{1}{12}(x-\pi)^3 - \frac{\pi^2}{12}x + \frac{\pi^3}{12} \\ &= \frac{1}{12}\left((x-\pi)^3 - \pi^2(x-\pi)\right) = \frac{1}{12}x(x-\pi)(x-2\pi). \end{aligned}$$

Wir haben also

$$\sum_{n=1}^{\infty} \frac{\sin nx}{n^3} = \frac{x(x-\pi)(x-2\pi)}{12} \quad \text{für } 0 \leqslant x \leqslant 2\pi.$$

Daraus ergibt sich z.B. für $x = \frac{\pi}{2}$ die interessante Formel

$$\sum_{k=0}^{\infty} \frac{(-1)^k}{(2k+1)^3} = \frac{\pi^3}{32}.$$

Aufgabe 21 D. Sei $\varepsilon > 0$ vorgegeben. Wegen der Monotonie ist nur zu zeigen, dass es ein $N \in \mathbb{N}$ gibt, so dass $f_N(x) < \varepsilon$ für alle $x \in [a,b]$.

Angenommen, es gibt kein solches N. Dann gibt es zu jedem $n \in \mathbb{N}$ ein $x_n \in [a,b]$, so dass $f_n(x_n) \geqslant \varepsilon$. Nach dem Satz von Bolzano–Weierstraß (An. 1, §5, Satz 4) besitzt die Folge (x_n) eine konvergente Teilfolge (x_{n_k}), die gegen einen Punkt $c \in [a,b]$ konvergiert. Wegen $\lim f_n(c) = 0$ gibt es einen Index m, so dass $f_m(c) < \varepsilon$. Da f_m stetig ist, gibt es ein $\delta > 0$ mit

$$f_m(x) < \varepsilon \quad \text{für alle } x \in [a,b] \text{ mit } |x-c| < \delta.$$

Wegen $f_n \geqslant f_{n+1}$ gilt dieselbe Abschätzung auch für alle Funktionen f_n mit $n \geqslant m$. Da $\lim x_{n_k} = c$, ist $|x_{n_k} - c| < \delta$ für alle $k \geqslant k_0$, also $f_{n_k}(x_{n_k}) < \varepsilon$ für

$k \geqslant k_0$ und $n_k \geqslant m$. Dies steht aber im Widerspruch zu $f_{n_k}(x_{n_k}) \geqslant \varepsilon$. Also ist die Annahme falsch und die Behauptung bewiesen.

Aufgabe 21 E. Da $f_n([a,b]) \subset [A,B]$ für alle $n \in \mathbb{N}$, folgt auch $F([a,b]) \subset [A,B]$, also ist $G := \varphi \circ F$ definiert. Da φ auf dem kompakten Intervall $[A,B]$ gleichmäßig stetig ist, gibt es zu vorgegebenem $\varepsilon > 0$ ein $\delta > 0$, so dass

$$|\varphi(y) - \varphi(y')| < \varepsilon \quad \text{für alle } y, y' \in [A,B] \text{ mit } |y - y'| < \delta.$$

Da die Folge $(f_n)_{n \in \mathbb{N}}$ gleichmäßig gegen F konvergiert, gibt es zu diesem δ ein $N \in \mathbb{N}$, so dass

$$|F(x) - f_n(x)| < \delta \quad \text{für alle } x \in [a,b] \text{ und alle } n \geqslant N.$$

Setzt man dies mit $y = F(x)$ und $y' = f_n(x)$ in die vorige Abschätzung ein, erhält man

$$|(\varphi \circ F)(x) - (\varphi \circ f_n)(x)| < \varepsilon \quad \text{für alle } x \in [a,b] \text{ und alle } n \geqslant N.$$

Das bedeutet aber, dass die Folge $(\varphi \circ f_n)_{n \in \mathbb{N}}$ auf $[a,b]$ gleichmäßig gegen die Funktion $\varphi \circ F$ konvergiert.

Aufgabe 21 G. Da

$$\lim_{x \searrow 0} x \log x = 0,$$

lässt sich die Funktion $\varphi(x) := -x \log x$ zu einer stetigen Funktion auf dem Intervall $[0,1]$ fortsetzen. Man beachte, dass $\varphi(x) \geqslant 0$ für alle $x \in [0,1]$. Es gilt

$$\frac{1}{x^x} = e^{-x \log x} = \sum_{k=0}^{\infty} \frac{1}{k!} \varphi(x)^k$$

Mit $M := \sup\{\varphi(x) : 0 \leqslant x \leqslant 1\}$ ist $\sum_{k=0}^{\infty} \frac{M^k}{k!}$ eine Majorante, die Reihe konvergiert also gleichmäßig auf $[0,1]$, vgl. An. 1, §21, Satz 2. Deshalb darf man die Reihe gliedweise integrieren:

$$\int_0^1 \frac{dx}{x^x} = \sum_{k=0}^{\infty} \frac{1}{k!} \int_0^1 \varphi(x)^k dx = \sum_{k=0}^{\infty} \frac{1}{k!} \int_0^1 x^k (-\log x)^k dx$$

Es ist daher noch der Wert des Integrals

$$c_k := \int_0^1 x^k (-\log x)^k dx, \qquad k \geqslant 0,$$

zu bestimmen. Es ist $c_0 = 1$. Für $k \geqslant 1$ machen wir die Substitution $x = e^{-t}$ und erhalten

$$c_k = \int_{\infty}^{0} e^{-kt} t^k (-e^{-t}) dt = \int_{0}^{\infty} e^{-(k+1)t} t^k dt.$$

Die weitere Substitution $\xi = (k+1)t$ liefert

$$c_k = \int_{0}^{\infty} e^{-\xi} \frac{\xi^k}{(k+1)^k} \cdot \frac{d\xi}{k+1} = \frac{1}{(k+1)^{k+1}} \int_{0}^{\infty} e^{-\xi} \xi^k \, d\xi.$$

Da $\int\limits_{0}^{\infty} e^{-\xi} \xi^k d\xi = \Gamma(k+1) = k!$, ergibt sich

$$c_k = \frac{k!}{(k+1)^{k+1}}$$

und daher

$$\int_{0}^{1} \frac{dx}{x^x} = 1 + \sum_{k=1}^{\infty} \frac{c_k}{k!} = 1 + \sum_{k=1}^{\infty} \frac{1}{(k+1)^{k+1}} = 1 + \sum_{n=2}^{\infty} \frac{1}{n^n}$$

$$= \sum_{n=1}^{\infty} \frac{1}{n^n}, \qquad \text{q.e.d.}$$

§ 22   Taylor–Reihen

Aufgabe 22 A. Wir machen folgende Umformung:

$$x^{\alpha} = (a + (x-a))^{\alpha} = a^{\alpha} \left(1 + \frac{x-a}{a} \right)^{\alpha}.$$

Falls $\left| \frac{x-a}{a} \right| < 1$, d.h. $|x-a| < a$, können wir $(1 + \frac{x-a}{a})^{\alpha}$ mittels der Binomischen Reihe entwickeln und erhalten

$$x^{\alpha} = a^{\alpha} \sum_{n=0}^{\infty} \binom{\alpha}{n} \frac{(x-a)^n}{a^n} = \sum_{n=0}^{\infty} \binom{\alpha}{n} a^{\alpha-n} (x-a)^n$$

für $|x-a| < a$.

Aufgabe 22 C. Man kann die gesuchten Anfangsglieder der Taylorreihe durch wiederholtes Differenzieren der Funktion f berechnen. Wir wählen hier eine andere Möglichkeit. Die gegebene Funktion ist das Produkt zweier Funktionen mit bekannter Taylor-Entwicklung, $f(x) = g(x)h(x)$, wobei

$$g(x) := \frac{1}{2+x} = \frac{1}{2} \cdot \frac{1}{1+\frac{x}{2}} = \frac{1}{2} \sum_{n=0}^{\infty} (-1)^n \left(\frac{x}{2}\right)^n$$

und

$$h(x) := \sin x = \sum_{k=0}^{\infty} (-1)^k \frac{x^{2k+1}}{(2k+1)!}.$$

Die Taylor-Entwicklung von f ergibt sich als Cauchy-Produkt dieser beiden Potenzreihen,

$$f(x) = \sum_{n=0}^{\infty} c_n x^n, \quad \text{mit} \quad c_n = \sum_{k+\ell=n} a_k b_\ell,$$

wobei

$$a_k = \frac{(-1)^k}{2^{k+1}} \quad \text{und} \quad b_\ell = \begin{cases} 0, & \text{falls } \ell \text{ gerade,} \\ (-1)^{(\ell-1)/2} \cdot \frac{1}{\ell!}, & \text{falls } \ell \text{ ungerade.} \end{cases}$$

Damit erhalten wir $c_0 = 0$ und

$$c_1 = a_0 b_1 = \frac{1}{2},$$

$$c_2 = a_1 b_1 = -\frac{1}{4},$$

$$c_3 = a_0 b_3 + a_2 b_1 = -\frac{1}{12} + \frac{1}{8} = \frac{1}{24},$$

$$c_4 = a_1 b_3 + a_3 b_1 = \frac{1}{24} - \frac{1}{16} = -\frac{1}{48},$$

$$c_5 = a_0 b_5 + a_2 b_3 + a_4 b_1 = \frac{1}{240} - \frac{1}{48} + \frac{1}{32} = \frac{7}{480}.$$

Der Anfang der Taylor-Reihe der Funktion f lautet also

$$f(x) = \frac{x}{2} - \frac{x^2}{4} + \frac{x^3}{24} - \frac{x^4}{48} + \frac{7x^5}{480} + R_6(x).$$

Aufgabe 22 E. Nach An. 1, §22, Satz 1, ist der exakte Wert des Restglieds

$$R_{n+1}(x) = \frac{1}{n!} \int_a^x (x-t)^n f^{(n+1)}(t)\, dt.$$

Wir schreiben dies in der Form

$$R_{n+1}(x) = \frac{1}{n!} \int_a^x (x-t)^{n-p+1} f^{(n+1)}(t)(x-t)^{p-1}\, dt.$$

und wenden darauf den Mittelwertsatz der Integralrechnung (An. 1, §18, Satz 8) an. Für die in diesem Satz vorkommende Gewichtsfunktion φ wählen wir

$$\varphi(t) = (x-t)^{p-1}.$$

Dies ist zulässig, da φ im ganzen Integrations–Intervall entweder stets $\geqslant 0$ oder stets $\leqslant 0$ ist. Wir erhalten eine Zwischenstelle $\xi \in [a,x]$ bzw. $\xi \in [x,a]$ mit

$$R_{n+1}(x) = \frac{1}{n!}(x-\xi)^{n-p+1} f^{(n+1)}(\xi) \int_a^x (x-t)^{p-1}\, dt$$

$$= \frac{f^{(n+1)}(\xi)}{n!\,p}(x-\xi)^{n-p+1}(x-a)^p.$$

Aufgabe 22 G. Sei

$$\alpha := \arctan x, \quad \beta := \arctan y \quad \text{und} \quad \gamma := \alpha + \beta.$$

Es gilt $|\alpha| < \pi/2$, $|\beta| < \pi/2$ und nach Voraussetzung $|\gamma| < \pi/2$. Division der Additions–Theoreme für die Funktionen Sinus und Cosinus

$$\sin\gamma = \sin\alpha\cos\beta + \cos\alpha\sin\beta,$$

$$\cos\gamma = \cos\alpha\cos\beta - \sin\alpha\sin\beta$$

liefert

$$\tan\gamma = \frac{\tan\alpha + \tan\beta}{1 - \tan\alpha\tan\beta} = \frac{x+y}{1-xy}.$$

Da wegen $|\gamma| < \pi/2$ gilt $\arctan(\tan\gamma) = \gamma$, erhält man

$$\gamma = \arctan x + \arctan y = \arctan\frac{x+y}{1-xy}.$$

Anwendung dieser Formel auf $x = y = \frac{1}{5}$ ergibt

$$2 \arctan \frac{1}{5} = \arctan \frac{2/5}{1 - 1/25} = \arctan \frac{2/5}{24/25} = \arctan \frac{5}{12}$$

und

$$4 \arctan \frac{1}{5} = 2 \arctan \frac{5}{12} = \arctan \frac{10/12}{1 - 25/144} = \arctan \frac{120}{119}.$$

In beiden Fällen ist die Anwendung des Additions–Theorems für den arctan zulässig, da

$$\arctan \frac{1}{5} < \arctan \frac{5}{12} < \arctan 1 = \frac{\pi}{4}.$$

Andrerseits ist

$$\frac{\pi}{4} + \arctan \frac{1}{239} = \arctan 1 + \arctan \frac{1}{239} = \arctan \frac{1 + 1/239}{1 - 1/239} = \arctan \frac{120}{119}.$$

Daraus folgt die Machinsche Formel, also mit der Reihen–Entwicklung der Arcus–Tangens–Funktion

$$\pi = \frac{16}{5} \sum_{k=0}^{\infty} \frac{(-1)^k}{2k+1} \left(\frac{1}{5} \right)^{2k} - \frac{4}{239} \sum_{k=0}^{\infty} \frac{(-1)^k}{2k+1} \left(\frac{1}{239} \right)^{2k}.$$

Um damit π mit einer Genauigkeit von 10^{-12} zu berechnen, genügt es, jeden der beiden Teile mit einem Fehler $\leqslant 5 \cdot 10^{-13}$ zu berechnen. Da die Reihe $\sum \frac{(-1)^k}{2k+1} x^{2k}$ für $0 < x < 1$ alternierend ist und die Absolutbeträge der Reihenglieder streng monoton gegen 0 konvergieren, ist der Fehler bei Abbruch der Reihe immer kleiner als das erste weggelassene Glied. Nun ist

$$\frac{1}{19} \left(\frac{1}{5} \right)^{18} < 2 \cdot 10^{-14},$$

$$\frac{1}{7} \left(\frac{1}{239} \right)^{6} < 8 \cdot 10^{-16},$$

also

$$\pi = \frac{16}{5} \sum_{k=0}^{8} \frac{(-1)^k}{2k+1} \left(\frac{1}{5} \right)^{2k} - \frac{4}{239} \sum_{k=0}^{2} \frac{(-1)^k}{2k+1} \left(\frac{1}{239} \right)^{2k} + R$$

mit

$$|R| < \frac{16}{5} \cdot 2 \cdot 10^{-14} + \frac{4}{239} \cdot 8 \cdot 10^{-16} < 7 \cdot 10^{-14}.$$

Um also π mit einer Genauigkeit von 10^{-12} zu erhalten, braucht man nur die obigen 12 Reihenglieder mit einem Gesamtfehler $\leqslant 0.9 \cdot 10^{-12}$ zu berechnen.

Aufgabe 22 I. Wir geben hier nur zur Kontrolle die Werte der ersten Koeffizienten E_{2k} der Entwicklung

$$\frac{1}{\cos x} = \sum_{k=0}^{\infty} \frac{E_{2k}}{(2k)!} x^{2k}.$$

$E_0 = 1, \quad E_2 = 1, \quad E_4 = 5, \quad E_6 = 61, \quad E_8 = 1385, \quad E_{10} = 50521,$
$E_{12} = 2702765, \quad E_{14} = 19360981, \quad E_{16} = 19391512145.$

§ 23   Fourier–Reihen

Aufgabe 23 B. Die Fourier–Koeffizienten der Funktion f sind

$$c_n = \frac{1}{2\pi} \int_0^{2\pi} |\sin x| e^{-inx} \, dx.$$

Da $e^{-in(x-\pi)} = (-1)^n e^{-inx}$, folgt $c_n = 0$ für ungerades n und

$$
\begin{aligned}
c_{2k} &= \frac{1}{\pi} \int_0^{\pi} \sin x \, e^{-2kix} \, dx \\
&= \frac{1}{2\pi i} \int_0^{\pi} (e^{ix} - e^{-ix}) e^{-2kix} \, dx \\
&= \frac{1}{2\pi i} \int_0^{\pi} e^{-i(2k-1)x} \, dx - \frac{1}{2\pi i} \int_0^{\pi} e^{-i(2k+1)x} \, dx \\
&= \frac{1}{2\pi i} \left(\frac{1}{-i(2k-1)} e^{-i(2k-1)x} \Big|_0^{\pi} - \frac{1}{-i(2k+1)} e^{-i(2k+1)x} \Big|_0^{\pi} \right) \\
&= \frac{1}{2\pi} \left(-\frac{2}{2k-1} + \frac{2}{2k+1} \right) \\
&= -\frac{1}{2\pi} \cdot \frac{4}{4k^2 - 1} = -\frac{1}{2\pi} \cdot \frac{1}{k^2 - \frac{1}{4}}.
\end{aligned}
$$

Die Fourier–Reihe konvergiert gleichmäßig gegen f, da die Funktion stetig und stückweise stetig differenzierbar ist. Zusammenfassend erhalten wir

$$|\sin x| = -\frac{1}{2\pi} \sum_{k=-\infty}^{\infty} \frac{e^{2kix}}{k^2 - \frac{1}{4}} = \frac{1}{\pi}\left(2 - \sum_{k=1}^{\infty} \frac{\cos 2kx}{k^2 - \frac{1}{4}}\right).$$

Bemerkung. Die Tatsache, dass nur Fourier–Koeffizienten mit geradem Index auftauchen, folgt auch daraus, dass die Funktion $f(x) = |\sin x|$ bereits die Periode π hat. Da f eine gerade Funktion ist, ist die Fourier-Reihe eine reine Cosinus-Reihe, siehe Aufgabe 23 C.

Aufgabe 23 E.

a) Wir beweisen die Behauptung durch Induktion nach k.

Induktionsanfang $k = 0$. Die Funktion f ist stetig, also auf dem kompakten Intervall $[0, 2\pi]$ beschränkt. Ist M eine obere Schranke von $|f|$, so gilt für die Fourier-Koeffizienten c_n von f

$$|c_n| = \left|\frac{1}{2\pi} \int_0^{2\pi} f(x)e^{-inx}dx\right| \leqslant \frac{1}{2\pi} \int_0^{2\pi} |f(x)|dx \leqslant M.$$

Die Fourier-Koeffizienten sind also ebenso durch M beschränkt, d.h. $c_n = O(1)$.

Induktionsschritt $k \to k+1$. Wir bezeichnen die Fourier-Koeffizienten von f mit c_n und die Fourier-Koeffizienten der Ableitung f' mit γ_n. Durch partielle Integration erhält man

$$\gamma_n = \frac{1}{2\pi} \int_0^{2\pi} f'(x)e^{-inx}dx = \underbrace{f(x)e^{-inx}\Big|_0^{2\pi}}_{=0} + \frac{in}{2\pi} \int_0^{2\pi} f(x)e^{-inx}dx = inc_n,$$

also $|c_n| \leqslant \frac{1}{n}|\gamma_n|$ für $n \neq 0$. Da nach Induktions-Voraussetzung $\gamma_n = O(1/|n|^k)$, folgt $c_n = O(1/|n|^{k+1})$ für $|n| \to \infty$.

b) Wir beweisen die Behauptung wieder durch Induktion nach k.

Induktionsanfang $k = 0$. Aus $c_n = O(1/n^2)$ folgt wegen $\sum_1^\infty (1/n^2) < \infty$, dass die Fourier-Reihe von f,

$$f(x) = \sum_{n=-\infty}^{\infty} c_n e^{inx},$$

gleichmäßig (gegen f) konvergiert.

Induktionsschritt $k \to k+1$. Für die Fourier-Reihe von f gelte

$$f(x) = \sum_{n=-\infty}^{\infty} c_n e^{inx} \qquad \text{mit } c_n = O\left(\frac{1}{|n|^{k+3}}\right).$$

Da $k+3 \geqslant 2$, konvergiert die Reihe gleichmäßig. Formales Differenzieren liefert

$$\sum_{n=-\infty}^{\infty} inc_n e^{inx} = \sum_{n=-\infty}^{\infty} \gamma_n e^{inx}, \quad \text{wobei } \gamma_n = inc_n.$$

Es folgt $\gamma_n = O(1/|n|^{k+2})$, also konvergiert die formal abgeleitete Reihe gleichmäßig und stellt deshalb nach An. 1, §21, Satz 5, die wirkliche Ableitung f' dar. Nach Induktions-Voraussetzung ist f' k-mal differenzierbar, also f $(k+1)$-mal differenzierbar, q.e.d.

Aufgabe 23 G. Die Fourier-Koeffizienten c_n von f lassen sich wie folgt berechnen:

$$c_n = \frac{1}{2\pi} \int_0^{2\pi} e^{iax} e^{-inx} dx = \frac{1}{2\pi} \cdot \frac{1}{i(a-n)} e^{i(a-n)x} \Big|_0^{2\pi} = \frac{1}{2\pi i} \cdot \frac{e^{2\pi ia} - 1}{a-n}.$$

Somit lautet die Fourier-Reihe von f

$$\mathfrak{F}[f](x) = \lim_{N \to \infty} \mathfrak{F}_N[f](x) \quad \text{mit}$$

$$\mathfrak{F}_N[f](x) = \frac{e^{2\pi ia} - 1}{2\pi i} \sum_{n=-N}^{N} \frac{e^{inx}}{a-n}.$$

Nach Aufgabe 23 E konvergiert die Fourier-Reihe auf jedem kompakten Intervall $[\delta, 2\pi - \delta]$, $(0 < \delta < \pi)$, gleichmäßig gegen f, insbesondere gilt

$$e^{iax} = \frac{e^{2\pi ia} - 1}{2\pi i} \lim_{N \to \infty} \sum_{n=-N}^{N} \frac{e^{inx}}{a-n} \quad \text{für } 0 < x < 2\pi.$$

An den Sprungstellen konvergiert die Reihe gegen den Mittelwert aus rechts- und links-seitigem Limes, also gilt für $x = 0$

$$\frac{e^{2\pi ia} + 1}{2} = \frac{e^{2\pi ia} - 1}{2\pi i} \lim_{N \to \infty} \sum_{n=-N}^{N} \frac{1}{a-n}, \quad \text{d.h.}$$

$$\pi i \frac{e^{2\pi ia} + 1}{e^{2\pi ia} - 1} = \frac{1}{a} + \sum_{n=1}^{\infty} \left(\frac{1}{a-n} + \frac{1}{a+n}\right).$$

Man beachte, dass $e^{2\pi i a} \neq 1$, da nach Voraussetzung $a \notin \mathbb{Z}$. Nun ist

$$\pi \cot \pi a = \pi \frac{\cos \pi a}{\sin \pi a} = \pi i \frac{e^{\pi i a} + e^{-\pi i a}}{e^{\pi i a} - e^{-\pi i a}} = \pi i \frac{e^{2\pi i a} + 1}{e^{2\pi i a} - 1}.$$

Daher ergibt sich (wenn man wieder x für a schreibt)

$$\pi \cot \pi x = \frac{1}{x} + \sum_{n=1}^{\infty} \left(\frac{1}{x-n} + \frac{1}{x+n} \right) = \frac{1}{x} + \sum_{n=1}^{\infty} \frac{2x}{x^2 - n^2}$$

für alle $x \in \mathbb{R} \setminus \mathbb{Z}$. Dies ist ein neuer Beweis von An. 1, §21, Satz 7 a).

Aufgabe 23 H.

a) Es ist $B_1(x) = x - \frac{1}{2}$, also erhalten wir durch partielle Integration

$$\int_0^1 B_1(x) f'(x) dx = (x - \tfrac{1}{2}) f(x) \Big|_0^1 - \int_0^1 f(x) dx,$$

d.h.

$$\tfrac{1}{2}(f(0) + f(1)) = \int_0^1 f(x) dx + \int_0^1 B_1(x) f'(x) dx, \quad \text{q.e.d.}$$

b) Wir beweisen die Behauptung durch Induktion nach r und benutzen, dass $B_n'(x) = n B_{n-1}'(x)$ und $B_n = B_n(0) = B_n(1)$ für $n \geqslant 2$.

Induktions-Anfang $r = 1$.

$$\int_0^1 B_1(x) f'(x) dx = \frac{B_2(x)}{2} f'(x) \Big|_0^1 - \int_0^1 \frac{B_2(x)}{2} f''(x) dx$$

$$= \frac{B_2}{2!} \big(f'(1) - f'(0) \big) - \int_0^1 \frac{B_2(x)}{2!} f''(x) dx.$$

Induktions-Schritt $r \to r+1$.

Wir wandeln den letzten Term der Induktions-Voraussetzung durch zweimalige partielle Integration um.

$$-\int_0^1 \frac{B_{2r}(x)}{(2r)!} f^{(2r)}(x) dx$$

$$= -\frac{B_{2r+1}(x)}{(2r+1)(2r)!} f^{(2r)}(x) \Big|_0^1 + \int_0^1 \frac{B_{2r+1}(x)}{(2r+1)!} f^{(2r+1)}(x) dx$$

$$= \int_0^1 \frac{B_{2r+1}(x)}{(2r+1)!} f^{(2r+1)}(x)dx \qquad [\text{da } B_{2r+1} = 0]$$

$$= \frac{B_{2r+2}(x)}{(2r+2)!} f^{(2r+1)}(x)\Big|_0^1 - \int_0^1 \frac{B_{2r+2}(x)}{(2r+2)!} f^{(2r+2)}(x)dx$$

$$= \frac{B_{2r+2}}{(2r+2)!} \left(f^{(2r+1)}(1) - f^{(2r+1)}(0) \right) - \int_0^1 \frac{B_{2r+2}(x)}{(2r+2)!} f^{(2r+2)}(x)dx.$$

Setzt man dies in die Induktions-Voraussetzung ein, erhält man die Induktions-Behauptung für $r+1$, q.e.d.

c) Für jedes Intervall $[k, k+1] \subset [m, n]$ gilt nach a) und b)

$$\tfrac{1}{2}(f(k) + f(k+1)) = \int_k^{k+1} f(x)dx + \sum_{j=1}^r \frac{B_{2j}}{(2j)!} \left(f^{(2j-1)}(k+1) - f^{(2j-1)}(k) \right)$$

$$- \int_k^{k+1} \frac{\widetilde{B}_{2r}(x)}{(2r)!} f^{(2r)}(x)dx.$$

(Man beachte $\widetilde{B}_{2r}(x) = B_{2r}(x - \lfloor x \rfloor)$.)
Summation über k von m bis $n-1$ ergibt wegen des Teleskopsummen-Effekts

$$\sum_{k=m}^n f(k) = \tfrac{1}{2}(f(m) + f(n)) + \int_m^n f(x)dx$$

$$+ \sum_{j=1}^r \frac{B_{2j}}{(2j)!} \left(f^{(2j-1)}(n) - f^{(2j-1)}(m) \right)$$

$$- \int_m^n \frac{\widetilde{B}_{2r}(x)}{(2r)!} f^{(2r)}(x)dx.$$

Aus der Fourier-Reihe für $\widetilde{B}_{2r}(x)$ folgt $|\widetilde{B}_{2r}(x)| \leqslant |B_{2r}|$ für alle $x \in \mathbb{R}$, vgl. An. 1, Beispiel (23.3). Deshalb kann man das letzte Integral dem Betrage nach wie folgt abschätzen

$$|R_{2r}| \leqslant \frac{|B_{2r}|}{(2r)!} \int_m^n |f^{(2r)}(x)|dx, \qquad \text{q.e.d.}$$

Analysis von Otto Forster

Analysis 1
Differential- und Integralrechnung einer Veränderlichen
Von O. Forster

Übungsbuch zur Analysis 1
Von O. Forster und R. Wessoly

Analysis 2
Differentialrechnung im R^n, gewöhnliche Differentialgleichungen
Von O. Forster

Übungsbuch zur Analysis 2
Von O. Forster und Th. Szymczak

Analysis 3
Maß- und Integrationstheorie, Integralsätze im R^n und Anwendungen
Von O. Forster

Außerdem erhältlich:

Algorithmische Zahlentheorie
Von O. Forster

www.springer.com

GEWINNBRINGENDE KONSTELLATION!
VON DER MATHEMATIK ZUR
UNTERNEHMENSBERATUNG

d-fine ist ein führendes europäisches Beratungsunternehmen. Mit über 600 hochqualifizierten Beratern unterstützen wir unsere Kunden – Banken, Versicherungen und Industrieunternehmen – bei quantitativen und technischen Fragestellungen rund um die Themenschwerpunkte Risikomanagement, Finanzsteuerung, Prozessoptimierung und Systemeinführungen sowie bei der Bewältigung technologischer Herausforderungen. Auf unseren Projekten geht es um effiziente Prozesse, hochkomplexe EDV-Systeme und aufwändige Mathematik zur Quantifizierung von Werten und Risiken und zur Optimierung von Risiko-Ertrags-Profilen.

Die naturwissenschaftlich-analytische Ausrichtung unserer Mitarbeiter – rund 90 % unserer Berater verfügen über einen Abschluss in Mathematik oder Physik – ergänzt durch unser fokussiertes Training in Zusammenarbeit mit führenden internationalen Universitäten sowie unsere langjährige Erfahrung aus hunderten erfolgreichen Projekten erlauben es uns, unsere Kunden effektiv, kompetent und flexibel, auf höchstem fachlichen, mathematischen und technischen Niveau zu unterstützen.

Haben wir Ihr Interesse geweckt? Weitere Informationen zu d-fine finden Sie unter: www.d-fine.com/karriere

d-fine. Die Spezialisten für Risk&Finance.

www.d-fine.com/karriere Frankfurt, München, London, Zürich, Wien

d-fine

Printed by Printforce, the Netherlands